サステイナブルなものづくり
ゆりかごからゆりかごへ

Cradle to Cradle
W. McDonough & M. Braungart

ウィリアム・マクダナー マイケル・ブラウンガート
岡山慶子・吉村英子 監修　山本 聡・山崎正人 訳

人間と歴史社

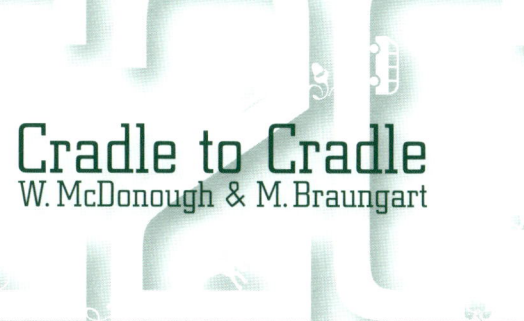

愛する家族の皆へ、
そして
すべての種の、子供たちの明日を願って

Cradle to Cradle : remaking the way we make things
By William McDonough and Michael Braungart

サスティナブルなものづくり

ゆりかごからゆりかごへ

日本語版に寄せて

私は東京で生まれたので、日本には特に親近感を持っています。最も幼い頃の思い出の一つが、布団の中で聞いた、夕に汚物を運び去り、朝に食べ物を運んでくる牛車の音です。ですから、自然の持つ、ゆりかごからゆりかごへのデザイン原則、「ゴミ＝食物」というものは、私が日本に住んでいた当時、私の心に深く根ざし、今日まで意味を持ち続けているのです。

日本はこれまでトータル品質管理で、世界の産業をリードしてきました。そして今度は、日本が「Cradle to Cradle℠」（C2C）原則を製品デザインに取り入れることにおいて、リーダー的存在となる時が来ているのだと、私は考えています。私とマイケルは、この本の示す展望を通して、日本のデザイナーたちが、新しいデザイン意識を推し進める上での手助けをする機会が得られたことを心からうれしく思っています。日本で次の産業革命が始まり、C2Cデザイン・プロトコルを満たす製品がより多く生まれてくれることを、私たちは心から願っています。

ウィリアム（ビル）・マクダナー

日本語版に寄せて

環境問題を倫理的な問題としてとらえる人たちがいる。しかし、人間の活動の本質に問題が多いとすれば、倫理的側面に焦点を当てることで環境問題を解決しようとするのは的外れだと言えよう。「ゆりかごからゆりかごへ」（Cradle to Cradle＝Ｃ２Ｃ）は、我々に別の方策を呈示してくれる。それは善悪で判断するものではなく、環境効率戦略に基づいた「軽減する」「問題を最小限に抑える」あるいは「回避する」といったものでもない。そして何よりも重要なことは、Ｃ２Ｃが目的性をもったデザインによって、前向きで希望に満ちた未来を、我々にもたらすものだということである。

日本人は、Ｃ２Ｃのように、目標そのものよりも、目標に達する方法が重要だと考えるのだろうか？　日本には総体的な美しさの伝統があるが、Ｃ２Ｃの一部分をなすものでもある。そしてまた、品質というものをより効果的に定義したものだともいえよう。私は日本の社会というものが、Ｃ２Ｃと同じように、制御するのでなく、支え合おうとする社会だと考えている。

日本人は自然と（地震とさえ）共に生きている。それは日本人がロマンチストだということではなく、人々が互いに助け合うことの大切さを知っているということなのだ。日本人はスペースの限られた島国に住んでいるが故に、多くの人と共に生きることの意味を知っているのだろう。そのような日本人にとって、人口の過剰は、この本の中に登場するアリ（蟻）たちのように、問題にはならないはずである。

マイケル・ブラウンガート

第4章

ゴミの概念をなくす

第5章 サステイナビリティーの基本

197

第6章 サステイナブルなものづくり

序章 Cradle to Cradle——ゆりかごからゆりかごへ

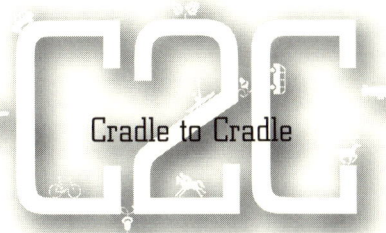

© The Consumer Action Guide to Toxic Chemicals in Toys

日常の中に潜む危険物

忙しい日々の、つかの間のひととき、お気に入りの安楽椅子に座り、仕事を忘れ、読みかけの本を手に取る。隣の部屋では、娘が何やら熱心にコンピューターとにらみ合っている。やっとハイハイを覚えた息子のほうは、カーペットの上で色とりどりのオモチャで遊んでいる。こんな時に私はとても安全で平和な生活に感謝し、満ち足りた気分になる。

しかし、この光景をもう少し別の視点で見直してみると、それが幻想に過ぎないことが明らかになる。まず、私の腰かけている椅子だ。これには使用が規制されているはずの有害な重金属や化学物質が、ひっそりと忍び込んでいる可能性がある。例えば、クッション部分に使われている合成繊維や、木製部品の接着剤などに、有害物質が含まれている可能性は高い。

もちろん、そんなことはこの椅子を買う時に知るすべもない。そもそも家具売り場に並べられている椅子の一つひとつに簡単な材質の表示ぐらいはなされていても、どのような物質や成分が含まれているかまでは細かく説明されてはいない。そして店の店員も、消費者のほうも、値段やデザインなどは気にしても、素材の安全性までは深く考えない。

息子が遊んでいるオモチャはプラスチック製である。小さな子供は何でも口にするが、はたして息子がこれをなめたりしても大丈夫なのだろうか――。このオモチャがポリ塩化ビニルでできているとすれば、安心できない。ポリ塩化ビニルには内分泌系に悪影響を与えるという報告もあるからだ。

ご存じの方も多いとは思うが、子供の玩具に使われるさまざまな材料、塗料、接着剤には時として、極めて有害な物質が含まれていることがある。そもそも玩具メーカーやデザイナーは、どうしてこんなことに気が付かないのだろうか。あるいは彼らは何も考えていないのだろうか。本来、子供向けの製品を作る人たちが、どうしてそうなってしまったのだろうか――。

娘が使っているコンピューターは、実に１０００種類以上の物質でできている。その中には、私たちにはなじみのないような危険な性質のものが、素材としてだけでなく、合成・加工の過程で混入している可能性がある。プリンターのインクにも、有害な物質が含まれている。だから娘が何かをプリントアウトしたり、それを読んでいるときに、こうした物質を吸い込んでしまう危険性は十分にある。

いったい１０００種類以上もの物質のすべて、とりわけ明らかに有害だとされているものが、コンピューターを１台作るのに、絶対欠かすことのできないものなのだろうか。もちろんそうしたものも、なくはないだろう。危険な物質を含んだコンピューターを使っている間の心配もさることながら、使われなくなったコンピューターの行方も気になる。

今日、コンピューターは生活必需品であると同時に、数年で買い替えが余儀なくされる消耗品となってしまっている。その結果、行き場のない危険な廃物を生み出してしまっているのである。もちろん私たちの誰もが、深刻化する環境問題に不安や危機感を持っている。それゆえカーペットを買い替えるとき、わざわざペットボトルをリサイクルして作られたものを選んだりするのだ。

「リサイクル」の落とし穴

一度使ったものをリサイクルすることは、持続可能な社会にとって、当然欠くことのできないものである。しかし、私たちはリサイクルが「ダウンサイクル」になっていることが多いことに気づく必要がある。ダウンサイクルとはつまり、リサイクルで一度使ったものを再生しても、その質が低下してしまったり、元の製品を作ったときよりも余計にエネルギーや労力がかかってしまうことである。

例えば、あなたが買ったカーペットはペットボトルを再利用しているかもしれないが、そもそもペットボトルは再利用されることを目的として開発されたものではない。したがって、無理なリサイクルをしてカーペットを作ったとしても、結果としては原材料からカーペットを作るのと同じぐらいのエネルギーを使い、同じくらいの量の廃材を出してしまう。

また、残念なことに、今の技術ではペットボトルをリサイクルするといっても、そのサイクルはせいぜい2回どまりだ。したがって、あなたが買ったカーペットもその役割を終えたら埋立地に運ばれることになる。しかし、リサイクルの目的は、本来ある素材をさまざまな形で、半永久的に使い続けていくということのはずである。

現在のところ、リサイクルとはせいぜい、私たちが自然から手に入れたものを捨てるまでの時間を引き延ばすことにとどまっている。確かに、一度使ったものを再利用するようになったことは進歩である。問題は、このリサイクルの過程で、多くの場合、新たに有害な材料が加えられてしまうということである。

あなたが玄関で脱いだ「靴」にも目を向けてもらいたい。一見、何ら害があるようには見えない。しかし、その靴がどこでつくられたかをみると、それは開発途上国である。そして、開発途上国での化学薬品の使用に関する規制は、欧米よりはるかに緩やかである。このため、その靴が加工される過程で有害な薬品などが使われたとしても、工場で働く人々はまったく防護措置など無いか、それが不十分な環境で仕事を強いられている可能性が高い。

もし、これが単なる可能性でなく、事実であったとき、それを知ったあなたは当然のことなから、多少なりとも社会的不公正に対する罪悪感を覚えるはずだ。あなたはただ、安くて履きやすそうだったから、その靴を買っただけなのだ。それなのに、あなたは、履きやすさと一緒に気まずい気持ちを毎日引きずって歩くことになってしまうのである。

ここまで述べてきたことからお分りいただけるように、一見すると安全に見える私たちの生活環境も、実は危険と隣り合わせであったり、不健康なものである場合が多い。また、私たちが享受しているささやかな平和と満ち足りた生活は、社会的不公平や不条理、無責任と意図せぬ環境破壊の上に成り立っているといってよい。

果たしてこんなことでよいのだろうか。よくないことは明白であるが、いったい、私たちはどうすればよいのだろうか——。

プラスチックでも本はつくれる

そこで今、あなたが手にしているこの本（の扉）をもう一度よく眺め、触ってみて欲しい。実は、この本の（扉の）素材は紙ではない。紙というのは木を切り倒し、パルプから作る紙のことである。

この本は革新的な装丁家であり、メルチャー・メディア出版社の社長でもあるチャールズ・メルチャーが開発した、木のパルプやその他の繊維をいっさい使わず、プラスチックの樹脂と無機充填剤から作られた、まったく新しいタイプの合成紙でできている。

この合成紙は丈夫なうえ、防水性に優れ、しかも既存のリサイクル技術によって分解し、再び合成紙にすることができるだけでなく、それ以外の材料としても、無限に使い回すことが可能で、今後のリサイクル技術とリサイクルの在り方について、その理想像に近い見本となる画期的なものである。（編集部注・本書では冒頭の扉の部分に合成紙の見本として、「ユポ®」を使用した）

地球の生態系において樹木は、さまざまな役割を果たす、大変重要な存在であることは言うまでもない。それにとどまらず、樹木は神話や宗教、ひいては生命科学に至るまでのさまざまな人間の精神活動において、重要な考え方やヒントを提供してきてくれた。もはや私たちは、そのようなかけがえのない樹木を、紙のような有限的な使い方で消費しきってしまうわけにはいかない。

私たちは、本当の意味で、リサイクルし続けることの可能な新たなる素材を見い出し、それを利用していくことで、新しい人間社会を実現していかねばならない。新しいリサイクル社会が決して不可能ではないことを証明するために、この本は木材を用いない合成紙によって作られることになった。

書籍の多くは人々が楽しむために出版される。しかし、そのような娯楽を目的に作られるものであっても、自然の持つ驚くほどに効率的なデザイン原理と、人間の創造性と思慮深さをもってすれば、従来の消費型ではない持続型のシステムによって生産が可能なのだ。

それは新たなる産業革命への第一歩であるといってもよいだろう。そしてこの21世紀の産業革命は、これまでの企業の在り方だけでなく、環境保護の活動さえも変革させる力を秘めているのである。

2つのシステムの共存――利潤追求と環境保護

私たちは、企業活動と環境保護は対立するものだと考えがちである。確かにこれまでの鉱業、製造業や産業廃棄物処理の在り方は、自然を破壊するような形で行われてきたと言ってよい。このことから環境保護主義者は、ビジネスとは本質的に悪であると見なす。なぜならば、企業の目的は「利潤の追求」であって、そのためには「環境の破壊」をいとわないからだという。一方、これに対して企業家は、環境保護主義を生産と成長に対する妨害だと考えている。

従来的な考え方で言えば、環境を健全に保つには、企業は規制・抑制されなければならない。しかし、企業が繁栄するためには、自然を優先するわけにはいかない。しかも、私たちの多くは何らかの企業に勤めることで生活し、また企業の生み出すさまざまな商品やサービスの恩恵を受けている。これでは企業と環境という、私たちを支える2つのシステムが共存することは不可能であると、悲観的にならざるを得ない。つまるところ、「消費者」に向けられる「環境にやさしく」というメッセージも耳障りで、憂鬱なものになってしまう。

「儲けることばかり考えるのをやめよう」「不便でも消費を減らそう」「車の利用を減らそう」「地球の人口の増加を抑えよう」――。こうした意見は、とくに開発途上国や未開発国にとっては理不尽とも言える。地球温暖化や環境汚染などの問題は、そもそも先進国である西欧社会が生み出したものではないか。しかし、理不尽と言われようとも、地球に住むすべての人間が生き延びていくためには、皆が多少の犠牲を払い、残された資源を分かち合っていかなければならない。しかもその努力は今すぐに始めなければならないところまで来ている。誰にとっても禁欲的でつまらない未来が、人類を待ち受けているのだろうか――。

建築家と化学者の出会い

この本の二人の筆者とその仲間は、もう少し違ったビジョンを持っている。私たちは、自然と産業のそれぞれと向き合って仕事をしてきた。例えば、ビル・マクダナーは建築家で、マイケル・ブラウンガートは化学者である。二人が出会うまでは、それぞれ環境保護に関してまったく対立する立場で関わってきた。それでは二人が出会ったいきさつと、それまでどのようなキャリアを歩んできたかについて、お話ししよう。

《建築デザイナー＝ビル・マクダナーの回想》

僕は外国での生活が長くて、そこでの経験に強く影響を受けている。

僕は、幼少時代は日本で過ごした。当時の日本は非常に貧しかったという印象があるけれど、日本の伝統的な住居の美しさなども憶えている。障子や水のしたたる庭、布団の温もりや熱い風呂、綿の詰め物が入った冬着や、冬は暖かく夏は涼しいワラ（藁）と粘土で作られた農家の壁――。

大学時代には都市デザインの教授の助手として、ヨルダンでベドウィン族のための住居開発プロジェクトに携わった。そこでは深刻な食糧・水不足、痩せ細る土壌といった問題を目の当たりにすることになった。しかしそのなかでも、遊牧民であるベドウィンの人たちが、厳しい環境に適応するためにシンプルだけど、効率的な生活デザインを工夫していることに感銘を受けた。例えば、ベドウィンのテントは、熱された空気をまず上へ逃がし、そこから外へと放出するようになっている。テントは単に日陰を作り出すだけでなく、風通しもいい。雨が降るとテントの繊維が膨張して、ピンと張りが出る。テントは持ち運び自由で、修理も簡単だ。テントの素材となる羊毛は、一緒に暮らすヤギ（山羊）たちからいつでも手に入れることができる。

こうした地域の特性を生かした、簡素な素材を利用する優れたデザインは文化的な豊かさの表れでもある。彼らのデザインは、当時の僕らの国でモダンとされていたデザインと

ベドウィンのテント
© 2006-2008 www.old-picture.com.

は、明らかに対照的なものだった。なぜなら、そのころモダンとされるデザインというのは、地域の素材やエネルギー効率といったものをほとんど無視したものだった。僕が大学院に入った頃、当時の建築デザイナーや建築家が「環境」について考慮することといえば、せいぜいエネルギー効率だった。

１９７０年代の原油価格が高騰した頃からは、太陽光発電に対する関心が高まるようになった。そんな中で、僕も太陽熱を利用した家の設計を手掛ける機会があった。その家はアイルランドに建てられるもので、日照時間の短いアイルランドで太陽光を利用した家を建てようという野心的なものだった。僕はこの仕事で、ユニバーサルな解決方法を各地の事情に合わせるということが、いかに難しいかを初めて痛感させられた。この時は色々なアイデアが出され、採用されたものには大きな石を使って蓄熱するというアイデアがあった。しかし実際に石を30トンほど運搬したところで、僕はこのアイデアというのは結局、アイルランドの伝統的な分厚い石造りの家屋と同じことをやっているにすぎないことに気がついた。

大学院を卒業すると、ニューヨークでは感性豊かで社会的配慮のある都市住宅設計をすることで評判の事務所で修業をして、1981年に独立した。そして、1984年に環境保護基金からの設計の依頼がきた。これがいわゆる「グリーンオフィス」の先駆けとでもいうものだった。このとき僕は、当時はまだほとんど研究されていなかった室内の空気環境に興味があった。特にペンキやカーペット、床材などに、揮発性の有毒物質や発ガン性物質、アレルギー性物質が含まれている場合、こうした物質が何らかの形で室内空気を汚染すれば、当然、人体に影響を及ぼす可能性がある。

ところがこうしたことについては、まだあまり研究されていなかっただけでなく、関連するような情報を得ようと企業に問い合わせても、企業秘密だからと言ってろくに教えてくれなかった。せいぜい手に入る資料と言えば、法律で表示を義務付けられているぐらいの内容で、それでは素材の安全性についての情報としては漠然としたものでしかなかった。

このような状況で、僕たちは、自分たちに考えられる範囲内で最善の努力をすることにした。水性塗料を使う、カーペットは糊付けせずに鋲止めにする、空気は当時基準とされていた1人当たり1分間に5立方フィート（1フィートは約30㎝）の換気を30立方フィートにする、花崗岩にはラドンが含まれていないようにする、森林資源を配慮して伐採された木材を使う、といったように——。僕は今でも、それまで建てられてきたものよりは、人や環境を配慮した建築を何とか実現できたと思っている。

当時は、優れた建築デザイナーたちも、環境問題への取り組みは控えめだった。環境に関心の強いデザイナーたちも、多くは環境問題の解決策として考案された新しい技術をそのまま採用するだけだった。このため、せっかく取り付けた太陽集熱器が大き過ぎて、夏にはかえって住居を熱してしまうといった問題なんかが起きていた。それとせっかく新技術を取り入れた建物でも、効率が悪いだけでなく、デザイン的にも美しいとは言えないようなものが多かった。

またこの頃、建築家や工業デザイナーは、リサイクルされた素材やサステイナブルな材料を用いるようになり始めていた。しかし、それは見た目の良さや手軽さ、安さといった、表面的な価値に魅かれていただけだった。僕はそうした当時の状況に、何か不満を感じながら毎日を過ごしていた。そんな僕に、自分の「デザイン哲学」について真剣に考えるきっかけを与えてくれた二つのプロジェクトが舞い込んできた。一つは、１９８７年にニューヨークのユダヤ人コミュニティから依頼されたホロコースト記念碑の企画で、もう一つはドイツのフランクフルトに予定された保育園の設計だった。

記念碑については、「犠牲になった人々の思いを反映させて欲しい」という要望が強かったので、僕はアウシュビッツとビルケナウを実際に見に行った。そこで僕が目にしたのは、「人間の命を抹殺する」という意図を具現した「巨大マシーン」だった。僕は、デザインには人間の「意図」というものがはっきりと表わされるのだということを強く認識した。そして、建築デザイナーが意図し得る「最善」というものは、建築においてどのように表現されるのだろうかということを、この時から考えるようになった。

ドイツの保育園の設計でも、室内環境、とくに「空気の質」が重要なテーマとなった。しかし、そもそも安全な建築材料などというものが存在しない当時、いったいどうやって子供たちにとって完璧に安全な施設の設計などできるというのか――。どだい不可能なことだった。結局、より安全というよりは、苦労してなるべく危険でない設計をするという結果に終わってしまった。

僕はいつしか、現状の中で、どうにかこうにか最善を尽くすという作業に、つくづく疲れを覚えるようになってしまった。そして、現実にとらわれるのではなく、もっと前向きに、理想の実現を意図した建築物や製品のデザインに関与したいと願うようになっていた。

《化学者＝マイケル・ブラウンガートの回想》

私は文学者や哲学者といった学者の家系に生まれ育った。化学を志すようになったのは、高校時代の化学の先生に共感を覚えたのがきっかけだと思う。それに1970年代初期というのは、ドイツでは殺虫剤やその他の有害薬品について政治でも盛んに問題にされていたから、家族にも化学の道を志すことは意義のあることだと説得しやすかったこともある。

環境化学について学べる大学に進み、そこで「環境化学」という新しい分野の確立に貢献したフリードリッヒ・コルテ教授に強い影響を受けた。1978年に私はグリーン・アクション・フューチャー・パーティーの創立に携わったのだが、このグループがのちに環境保全を目的とする「グリーン・パーティ」（緑の党）になった。

グリーン・パーティの活動を通して、私は環境保護主義者たちの間で名が知られるようになった。そして当時はまだ環境問題について学問的な背景を持っていなかった「グリーンピース」に協力を求められるようになった。そこで私は化学部門を担当し、グリーンピースがより科学的な根拠をもって抗議活動ができるよう、手助けするようになった。

しかし、やがて私は抗議だけでは不十分であると確信するようになった。抗議するだけではなく、いかにその問題を解決するか、そのプロセスを考え出すことができなければ、根本的な解決にはつながらないからだ。

私にとっての転機は、大手化学企業のサンド社とチバガイギー社の引き起こした火災によって起きた消火薬品流出事故に対して抗議活動を行っているときにやってきた。この事故はサンド社の大工場で火災が起きた際に、大量の消火薬品がライン川に流出してしまい、その結果として流域150キロメートルに生息していた生物の多くが、死に追いやられるというものだった。

私は仲間を指揮して、バーゼルにあるチバガイギー社の煙突に自らの身体をチェーンでくくりつけて抗議した。2日間にわたる抗議の後に、私たちが煙突から降りると、そこには会社重役のアントン・シャリエ氏が待ち受けており、私たちを花と熱いスープで迎えてくれた。彼は私たちの抗議のやり方には反対だが、私たちのことが心配だったとも語ってくれ、さらに私たちの言い分を聞こうと申し出てくれた。

私は、グリーンピースの資金を使って環境化学の研究機関を設立しようとしていること、その名称は「EPEA」(Environmental Protection Enforcement Agency ＝環境保護執行機関)にしようと考えていること、などを彼に話した。シャリエ氏はこの話に大変興味を示し、名称の一部「執行(Enforcement)」を「促進(Encouragement)」に変えたほうがよいだろうとアドバイスをくれた。確かにそのほうが企業などからの反感を引き起こしにくく、さらにはこの研究所のクライアントとなる企業への印象度も良くなるだろうと思われたので、私は彼のアドバイスを受け入れることにした。

こうして私はEPEAの理事となり、いくつかの国に支部を開き、また、先の大会社とも協力関係を深めていった。特にチバガイギー社のアレックス・クラウアー会長の要望もあって始めた「栄養素の流れ」についての研究を通して、私はさまざまな文化に触れるこ

ヤノマミ族が精霊とコンタクトするために行う儀式
© amazon-indians.org

とができた。例えば、アマゾンのヤノマミ族は死者を火葬した灰を、部族の祝祭の際にバナナスープの中に入れて飲む。ちなみにヤノマミ族以外にも、死者の肉体を有効利用しつつ、その魂を「再生」しようとする民族は少なくないのだ。こうした経験によって、私はより広い視野で西ヨーロッパにおけるゴミの諸問題に取り組めるようになった。

しかし、私のまわりを見回してみると、私以外の化学者で私のような視点で環境問題やリサイクルといった研究テーマに携わっている研究者はおろか、こうしたことに化学的見地から興味を持つ者は皆無に等しかった。そもそも当時の化学教育の中では、環境問題というものはほとんど取り上げられてもいなかったのだ。

科学の世界というものは、新しいことを研究することに偏りがちで、得られた知見を利用して何か具体的な対策を実用化するということにはあまり熱を入れたがらない傾向がある。科学者には問題の究明についての研究をする費用はあてがわれるが、問題が明らかになり、問題解決への糸口が見えたあたりで予算は打ち切られてしまう。このような傾向は、科学者が生活していくためには、常に新たな問題に取り組んでいなければならないという、妙なプレッシャーを生むことになる。

また、私たち科学者は、さまざまな知見を統合することよりも、何かを分析することについての訓練ばかりを受けて育つ。かくいう私も、可塑剤やポリ塩化ビニル（ＰＶＣ）、重金属、その他のさまざまな物質について、何がどうして危険なのかを説明することはできた。しかし、当時の私を含めた同業者の中に、環境に関する知識を製品デザインに活用するというようなビジョンを持つ者は、誰もいなかった。私の世界観のなかにも、豊かさ、創造性、繁栄、変化といったものが圧倒的に欠けていたと言える。

私が初めてビルと出会った頃、私の周囲の環境保護主義者たちは、１９９２年の「地球サミット」に向けて、準備の真っ最中だった。このサミットの主な議題は、「持続可能（サステイナブル）な発展と「地球温暖化」だった。このサミットには企業界の代表者たちと環境保護団体の代表者たち、両サイドの人々が一堂に会することになっていた。当時の私は、両者は対立する運命にあるだろうと考えていた。私自身は、企業は悪であり、倫理的には環境保護主義者のほうが優れていると思っていた。私は企業優先の社会が導く最悪の結果を避けたいと考え、その対策の一つとして、テレビなどの日用品によく使われる材料の中に、危険性のある物質が含まれていないかという分析に取り組んでいた。

すべての種、すべての子供の未来のために

建築デザイナーとして自らのデザイン哲学を模索していたビルと、化学者として環境保護にかかわっていたマイケルの二人は、1991年にニューヨークに開設された「EPEA」アメリカ支部の開設祝賀パーティーで出会うこととなる。余談ではあるが、このパーティーの招待状は赤ちゃんのオムツに印刷された。このオムツは生分解する材質で作られたものだった。当時、埋立地にもっとも多く廃棄されていたのが赤ちゃんの使い捨てオムツだということに注目してもらうためである。

この会場で出会ったビルとマイケルは、産業デザインと安全性について語り合った。まず、マイケルが生分解性のペットボトルのアイデアについて話をした。このペットボトルには植物の種が埋め込まれていて、使用後に捨てるとボトルは分解され、その一方で種が芽を出していくというものだ。さらにマイケルは、パーティー会場でダンスに興じる人たちの足元を指さし、

「みんな何も知らずに危険物を履いて踊ってるんだ」

と半分冗談めかして言った。彼が言うには、会場のザラザラした床の上をダンスでくる

くる回るたびに靴がこすれて埃《ほこり》が出る。その埃を空気と一緒に吸い込んでしまうことになるのだが、その埃には発ガン性の物質が含まれているというのだ。マイケルがこんなことに気づいたのは、ヨーロッパで、あるクロミウムの抽出工場を見学する機会があったからだ。クロミウムは、大量生産される革製品の加工に使用される重金属である。マイケルが見学したクロミウムの抽出工場では、全員ガスマスクの着用が義務付けられ、働いている人は高齢の男性ばかりだった。工場の責任者によると、クロミウムには発ガン性があり、クロミウムとの接触によるガンの発症までには平均20年かかるので、この会社では、50歳以上の従業員にしか、この危険な作業をさせないことにしたのである。

「靴には、ほかにも問題がある」

と、マイケルは話を続ける。革製の靴といっても、その多くは生物由来の素材（皮）だけでなく、人工的な素材（クロミウムなど）が何らかの形で使われている。この自然な素材の部分も、人工的な素材の部分も、それぞれリサイクルが可能なのに、それが行われていない。靴のデザインは環境・生態を考慮した、もっと賢いものにすべきなのだ。例えば、靴底は廃棄しても生分解できる素材で作る。残りの部分は害のないプラスチックやポリマー製にして、新しい靴を作るためにリサイクルする、というように……。

マイケルの話を聞いているうちに、近くの焼却炉から煙が漂ってきて、会話はゴミの問題へと移っていった。一般ゴミは、人工的な物質が自然の素材と一緒に燃やされてしまうので、安全とは言えない。何とか製品やパッケージを安全に燃やせるようなもので作ることはできないものだろうか――。

私たちは「子供」の安全を基準とした産業界というものを思い描いてみた。ビルは、産業デザインというものが、常に「すべての種の、すべての子供の未来のために」というコンセプトを持つようになればいいのに、とつぶやいた。眼下の通りでは車の量が増え、ニューヨーク名物の交通ラッシュが本番となってきた。たそがれの交通渋滞のなかを飛び交うクラクションの響きとドライバーたちの怒号を聞きながら、森のように涼しく静かな都市を、化石燃料を使わず、排気ガスも騒音も出さない車が走る光景を思い描いてみた。

そのうえで現実に目を向ければ、製品、包装、建物、乗り物、都市に至るすべてのデザインが間違っているように見えた。何かがおかしい。それまでにも環境対策はなされてきたであろうが、しかしもっとも進歩的と言えるもの、良心的と言えるものさえも、どこかピントがずれているように思えてきた。

ゴミの概念をなくす

この最初の出会いで意気投合した私たちは、一緒に仕事をしようと、その場で決めた。そして1991年に、「ハノーバー原則」を共同執筆した（258頁参照）。これは1992年の「地球サミット」の世界都市フォーラムにおいて、2000年に開かれる万国博覧会の指針として発表・出版された。

この「ハノーバー原則」の中で特に強調したことは、「ゴミの概念をなくす」ことであった。「ゴミの概念をなくす」というのは、環境保護主義者が提唱するようなゴミの減量ではなく、デザインによって、ゴミそのものをなくすということである。当時、ブラジルではすでにこの原則に近いようなことが行われていた。あるゴミ処理場ではゴミを栄養素に変えており、その地域社会の大きな「腸」のような役割を果たしていた。

３年後、私たちは「ＭＢＤＣ」◇（McDonough Braungart Design Chemistry）という会社を設立した。このときビルは建築設計の仕事をし、マイケルはヨーロッパで「ＥＰＥＡ」の代表だった。そして、二人とも大学で教鞭をとっていた。しかし、この会社の設立によって、私たちは自分たちのアイデアを実践する場を得たのである。

すぐにこの会社は、化学的な調査から建築・都市デザイン、そして産業そのものを変えてしまうような製品・製法の考案まで、幅広く関与していくようになった。そして、さまざまな分野の企業や研究機関を顧客として仕事をするようになった。例えば、フォード自動車、ハーマン・ミラー◇、ナイキ、ＳＣジョンソン◇などがあげられる。また、公共団体や研究機関などと協力して、私たちの提唱するデザインの原則を具体化していった。

私たちは、限りあるものをいかに有効に消費するかではなく、いかにすれば豊かな世界を創造できるかを考えるようにしている。そして、人間による生態系への影響を減らしていこうという意見が飛び交うなか、そうした考え方とはまったく異なる発想を提案する。それはつまり、人間の持つ創造性、生産力、それらを培う文化を、さまざまな製品やシステムに活かすことである。それは人類が生態系に嘆きの足跡を残すのではなく、満足のいく足跡を残せるような、知的で安全なデザインをしていくことである。

考えてみて欲しい。地球上に生息するアリ（蟻）をすべて合わせたバイオマス（生物量）は、人類の総人口をはるかに上回るものである。アリたちは過去1００万年以上もの間、驚くほどよく働いてきた。その驚くべき生産力によってアリたちは、植物や動物たち、そして土壌に豊かな栄養分を提供し続けてきた。その一方、人類は、産業と呼ぶべきものを繁栄させたのが、ここ1００年ほどにしか過ぎないにもかかわらず、地球のほとんどの生態系を衰弱させてしまっている。明らかに自然の生み出すデザインには問題はなく、人間の生み出すデザインには問題があるのだ。

◇**MBDC**（McDonough Braungart Design Chemistry）……1995年に筆者らが設立した会社。「ゆりかごからゆりかごへ（Cradle to Cradle）」のものづくりを提唱し、その実践活動をクライアントに対する製品・システム開発の助言というかたちで進めている。
◇**ハーマン・ミラー**……アメリカのオフィス家具メーカー。
◇**SCジョンソン**……主に家庭用洗剤を製造、販売するアメリカの化学メーカー。日本で販売されている商品に「カビキラー」「固めるテンプル」などがある。

第1章 産業モデルの変遷

C2C
Cradle to Cradle

タイタニック号

産業革命の歴史

「タイタニック号」の悲劇

1912年春、イギリスのサウスハンプトン港から、人類史上最大の創造物の一つとも言える船が、ニューヨークへ向けて出港した。技術と繁栄、贅沢、進歩を鮮烈に体現した66,000トン——。その姿は、産業時代の訪れの象徴とも言えた。船体は市街区4ブロック分の長さに相当し、各々の蒸気エンジンはタウンハウス1軒分もの大きさであった。しかし、その船は、自然界との悲惨な遭遇へと向けて進み出していたのである。

言うまでもなく、船の名は「タイタニック」である。自然の力に対してさえ無敵のごとき勇猛さを持つこの船がまさか沈むことになるなど、船長や乗組員だけでなく乗客の多くは想像すらしていなかった。

タイタニックは単なる産業革命の産物ではなく、産業革命を生み出した基盤を象徴するものであった。タイタニックだけでなく、産業革命以降の社会を支えてきたのは、自然環境を消耗させる凶暴な人為的エネルギーである。人類は水を汚染し、空に煤煙を撒き散らし、自然に逆らった独自のルールで前進しようとしていた。一見、無敵のようでも、そのデザインの持つ基本的な欠陥は、悲劇と災難を予告していた。

産業革命時代のシステム・デザイン

仮に、産業革命の時代に生きた人間の立場で何かをデザインした場合に、どのようなものができあがるかを考えてみよう。ここでは、ある生産システムのデザインを、産業革命が我々にもたらしたマイナスの側面に基づいて想像してみる。すると、そのデザインには次のような性質が見えてくる。

《産業革命時代のデザイン・コンセプト》

- 毎年何億トンもの有毒物質を大気中、水中、地中に送り込む。
- 将来、何世代にもわたって常に警戒を必要とするほど危険な物質を生産する。
- 膨大な量のゴミを生み出す。
- 貴重な物質を地上のあちこちに穴を掘って埋め、決して回収できないようにする。
- 人間や自然のシステムを安全に維持するためではなく、被害をなるべく遅らせるために、何千もの複雑な規制を設ける。
- 労働力が少なくて済むこと＝生産力が高い、と考える。
- 天然資源を採掘したり伐採したりして利用し、利用後はそれらを燃やしたり埋めたりすることで繁栄を築く。
◆生物や文化の多様性を損なう。
もちろん、産業革命の中心となった企業家や技術者、発明家を始めとする人々は、こうした性質を持つようにものをデザインしていたわけではない。そもそも、産業革命自体が計画されて起きたものではなかった。前例のない大量生産とスピードが可能になり始めたとき、時流に遅れまいと、実業家、技術者、発明家、デザイナーたちがそれぞれの課題に取り組んだ結果として発生したものである。

「より多く」という原則が支配

産業革命は、イギリスの繊維産業から始まった。イギリスでは何世紀にもわたって、国民の大半が農業に従事する人々で占められていた。農民は作物を作り、荘園やギルドが食物や製品の供給を担っていた。繊維工業は農業の副業として、人々が個々に営むものであった。この個人の技術を頼りに細々と行われていた毛織物を中心とする家内工業が、数十年の間で機械化され、工場システムに変容し、やがて毛織物ではなく、綿織物を大量生産するように変わっていった。

この変化は一連の技術革新によって加速されていった。1700年代半ばまでの家内工業では、手動の糸車で1本ずつ糸を紡いでいた。これが1770年に特許を得た「ジェニー紡績機」により、一度に紡げる糸の本数が1本から、8本、16本以上と増えていき、後期のモデルでは一度に80本紡ぐものまで現れた。さらに、水力紡績機やミュール紡績機がもたらした増産のスピードは、まるで「半導体の集積力は18カ月ごとに約2倍になる」という「ムーアの法則」を思わせるようなものだった。

本格的に工業化が始まる以前、布製品は運河や帆船で運ばれていた。これは時間がかかるうえ、天候にも左右され、しかも関税や法律によって制限されていた。これらに加えて、海賊に襲われる心配もあったので、目的地に着くこと自体、幸運に恵まれる必要があった。それが鉄道と汽船の登場により、より早く、より遠くへ運べるように、状況は一変してしまう。その結果、１８４０年代までには、それまで1週間に１０００の製品を生産していた工場が、同じ量の製品を1日で生産できるようになっていった。

農業のかたわら繊維の生産をしていた人々も、繊維産業の工業化が進むにつれ、本業の農業をしている時間がなくなり、工場に近い都市へと移り住み、家族ともども1日12時間からそれ以上も働くようになっていった。

こうして都市部は拡張し、人口も増え、街に商品があふれるようになっていった。人、仕事、製品、工場、商売、市場、何もかも「より多く」というのが当時の原則となった。

しかし、社会変革の常として、これに対する抵抗運動も起きるようになった。失業を恐れる家内工業者や熟練職工からなるラッダイト運動家たちは、新しい機械や未熟な労働者

ラッダイト運動

ハーグリーブスのジェニー紡績機

を嫌い、労働力を節約する機械類を破壊し、発明家たちを迫害した。このために発明家の中には、せっかく発明した機械から利益を得ずして、一文無しの除け者としてこの世を去っていくものも少なくなかった。

　抵抗運動はテクノロジーに対してだけではなく、精神生活や創作活動にも影響を与えた。ロマン派の詩人たちは、自然豊かな田園風景と都会の風景の隔たりが際立ってゆくことについて、詩にしている。その内容は、おおむね失望的である。

　詩人のジョン・クレア◇は、「都市は……この美しい世界から隔離された過密な監獄にすぎない」と詠った。[*1] ジョン・ラスキン◇やウィリアム・モリス◇などの美術評論家や詩人は、文明における美的感性や、あらゆる「ものづくり」のデザインが唯物的になっていくことを憂えた。

＊1 Clare, J. (1793～1864) Letter to Messrs Taylor and

Hessey II. In (Eds) Robinson, E. & Powell, D., The Oxford Authors: John Clare. Oxford University Press, (1984)p.457

「資本の獲得」という欲望

また、より長期的な問題も発生した。例えば、ビクトリア時代のロンドンをチャールズ・ディケンズ◇は、「偉大ではあるが薄汚れた都市」と表現している。当時のロンドンの不潔な環境と貧困にあえぎながら、そこに暮らす下層階級の人々は、急成長する都市のシンボルとなった。ロンドンの空気は公害、特に石炭の煤煙がひどく、このため1日の終わりにカフスや襟を取り換える習慣が生まれたほどであった。ちなみに、１９６０年代のアメリカのテネシー州チャタヌーガや、今日の北京やマニラでも同じような現象が起きている。

初期の工場や炭鉱などの事業では、材料や道具は高価なものであり、労働力は安いものと考えられていた。そして大人だけでなく、子供までが、嘆かわしいほどの環境で長時間働かされていた。しかし、当時の実業家を始めとする多くの人々はおおむね楽天的で、人類の進歩を確信していた。工業化がさまざまな組織の成長を促し、社会全体の発展に貢献したことも事実である。商業銀行、株式会社、新聞などの発展は雇用機会を増やし、新中流階級を生み出し、経済の成長を支えるのに必要な社会的ネットワークを緊密なものにし

産業革命とともに児童の労働問題が深刻化
© Child labor Bulletin
The Ohio State University Library

1910年代のロンドンのスモッグ
© The Children's Society
The great smog

ていった。

安価な製品、公共交通機関、上下水道、公衆衛生、ゴミ回収、クリーニング店、安全な住宅など、多くの便利なものが富裕層だけでなく、低所得者層の人々でも手に入れられるようになった。一見すれば、それまでよりも公平な生活水準を皆が共有しているかのようであり、快適さは裕福な階級だけのものではなくなったかのように見えた。

産業革命は計画されたものではなかったとはいえ、動機となるものが存在しなかったわけではない。産業革命とは経済革命でもあり、その推進力は「資本の獲得」という欲望であった。実業家は、製品をできるだけ効率よく生産し、できるだけ多くの人々に買わせようとした。こうした欲求に突き動かされて、多くの産業が手工業から効率の良い機械化へと移行していった。

「流れ作業」という技術革新

自動車を例にとってみよう。[*2] 1890年代、ヨーロッパで生まれた自動車は、初め完全な手作りだった。注文を受けると、その1台を1人の職人が最初から最後まで時間をかけて、ていねいに作り上げる高級品であった。しかも部品には規格もなく、下請け業者によって作られた何百もの部品を、職人がヤスリで調整しながら1台の車に組み立てていたので、1台1台が他車とは違うユニークな作品として仕上がっていた。

ヘンリー・フォード[*3]は、1903年に自動車会社を設立する以前は、技師として自動車を設計し、機械工として製作し、できあがった車を自ら運転するレーサーでもあった。そんな彼はいつしか、自動車というものは裕福な人だけでなく、労働者であれ誰であれ、手に入れて使えるようになるべきだと考えるようになる。そしてそのためには車の値段を安くする必要があり、それには自動車を大量生産できるようにしなければならないことに気がつく。

こうして1908年から生産された有名な「T型フォード」は、フォードが夢見た「大衆のための車」だった。それは「最良の素材を優れた職人が作り、しかも最新技術によってデザインを非常にシンプルにすることができたので、まともな給料を得ている人なら誰でも買える値段の自動車」となった。

フォードは、1909年にはT型のみを生産すると発表した。そして1910年には電力を導入し、それまで別々の工場で行われていた工程をすべて同じ場所でできるような、大工場方式を考案した。フォードが夢を実現させようとして行った努力は、製造工程を大きく進歩させ、自動車生産に大変革をもたらし、生産効率の飛躍的な上昇をもたらした。

フォードのもっともよく知られている技術革新は「流れ作業」である。それまでの自動車の生産工程では、エンジンやフレーム、ボディーは個別の作業スペースで製作され、できあがったものを組み立て場に運び、専門の職人が1台の車に組み立ててあげていた。これをフォードは「人が材料を取りに行く」のではなく、「材料が人のところへ来る」ようにすればよいのだと気がついた。

そこで彼はシカゴの精肉業の方式にヒントを得て、「組み立てライン」を開発した。この方式によって、労働者はライン上を部品が流れて来るのを待ち、流れてきた部品に対して同じ作業を繰り返すだけでよくなった。このようにして、労働者は自分の作業能率を大きく改善できるようになり、さらには全体の労働時間が劇的に削減された。

このほかの技術革新をも伴ってT型というユニバーサルカーの大量生産は実現され、1台あたりの価格は1908年には850ドルだったものが、1925年には290ドルになった。売上も飛躍的に伸び、流れ作業導入以前の1911年までの生産台数は39、640台だったが、1927年には1500万台に達した。画一化された一貫性生産方式の長所は多岐にわたり、おかげで実業家は迅速に利益を得られるようになった。その強大な生産能力は、二つの世界大戦という途方もない軍需に確実に応えることとなり、ウィンストン・チャーチルをして、製造業を「民主主義の武器庫」と呼ばしめた。

こうした生産方式の革新には、民主主義的な側面もあった。まず、大量生産による価格の低下によって、T型フォードの例のように、誰もが欲しいものを手にすることができるようになった。また、大工場化は雇用機会を増やし、給料を上げ、人々の生活水準を上げた。

＊2 Womack, J. P., Jones, D.& Roos, D. The Machine That Changed the World. Macmillan.（1990）pp.21-25.『リーン生産方式が、世界の自動車産業をこう変える。―最強の日本車メーカーを欧米が追い越す日』ジェームズ・P・ウォマック、ダニエル・ルース、ダニエル・T・ジョーンズ著　沢田博訳、経済界、１９９０年。

＊3 Batchelor, R. Henry Ford: Mass Production, Modernism, and Design. Manchester Univers-ity Press,（1994）p. 20 より引用

「品質管理」の導入

フォードも人々の生活水準の向上に大きく貢献している。例えば、１９１４年当時の労働者の一般的な賃金が時給２・34ドルであったのに対して、フォード社の工場で働く人々に払う賃金は、時給５・５ドルだった。彼は「車が車を買うことはできない」と言い、就業時間を９時間から８時間に減らして、雇用者たちの余暇の時間を増やすことにも貢献し

ヘンリー・フォードとＴ型フォード車（1908 年モデル）
© Hunt, Ft. Myers, Fla. published 1914
© Copyright 2008 CTVglobemedia publishing Inc.

リバー・ルージュ工場の生産ライン
www.thetiptoplife.com

ている。フォードは自らの市場を開拓しつつ、工業界の水準をすべてにわたって向上させたのである。

T型フォードを工業デザインの観点から見ると、それは当時の実業家たちの目標を集約したようなものだった。誰でも欲しがるような安さ、運転のしやすさ、丈夫で故障しにくく、しかも製造面でもコストと時間がかからない、といった特徴を備えていた。技術開発においては、「パワー、精度、経済性、操作性、スピード」[*4]といったことを向上させることに重点が置かれた。

生産現場では製造チェックリストが考案され、品質管理も怠りなかった。こうして実業家は、利潤の追求という動機からではあるが、実用性、収益性、効率性、明快性といった発想をデザインに求めるようになっていったのである。当時、多くの実業家、設計者、技術者たちはある種の世界観を共有し、それに基づいて行動していたといってよい。しかし、その一方で、自分たちが生み出すデザインを経済の枠を超えた、より大きなシステムの一部として認識してはいなかった。

＊4 前掲書 p.41

自然は征服すべき対象だった

初期の工業は、無尽蔵にみえる自然の「資本」に頼っていた。鉱石、木材、水、穀物、家畜、石炭、土地といったものが大量生産システムの原材料であり、このことは今日に至っても変わりはない。フォードのリバー・ルージュ工場は、巨大なスケールを持つ生産フローの典型だった。膨大な量の鉄、石炭、砂、その他の原材料が工場に運び込まれ、真新しい自動車に生まれ変わっていった。

資源を製品に作り変えることによって産業は栄えた。大草原は農場に変わり、広大な森林が木材や燃料として切り倒された。工場は天然資源へのアクセスを考慮して、なるべくその近くに建てられたり（今でも、ある有名な窓メーカーは窓枠の材料となる松林で囲まれた場所にある）、製造プロセスと排水処理の必要から、水源の近くにも建てられるようになっていった。

近代化が始まって間もない19世紀には、ほとんどの人が、自然環境が実は微妙なバランスの上に成り立っていることに気づいていなかった。そして「資源とは無限に存在するも

ラルフ・ワルド・エマソン
Ralph Waldo Emerson
（1803～1882）。
アメリカの思想家、哲学者、作家、詩人、エッセイスト。（章末訳注参照）

ラドヤード・キプリング
Joseph Rudyard Kipling
（1865～1936）。
イギリスの作家、児童文学者、詩人。少年時代をインドで過ごした。『ジャングル・ブック』『キム』などの作品がある。

の」と考えていた。自然とは「母なる大地」であり、すべてのものを受け入れ、成長と再生を永久に繰り返すものだと思われていた。先見性のある哲学者で詩人でもあるラルフ・ワルド・エマソン◇でさえ、当時のこうした一般的な世界観から逃れることはできなかった。１８３０年代の初め、エマソンは空気や川、木の葉などを、「人間によって変えることのできない本質」だと表現している。[*5] またラドヤード・キプリングたちの小説は、読む人々に、野生とは消え去ることなく、永遠にあり続けるものであるかのような印象を与えてしまった。

その一方で、西洋の価値観では、自然とは野蛮なもの、危険なものであって、文明によって制御されるべきものとみなされていた。そして自然の力を人間に対する敵意として受け止め、これを制御しようと立ち向かう姿勢があった。アメリカでは、荒野の開拓は崇高な行為とみなされ、荒野や自然を「制覇」することが絶対的な使命と考えられていた。

今日、私たちの自然に対する考え方は大きく変わった。最新の調査・研究によって、海洋、大気、山、植物、動物などが昔の科学者たちが想像していたよりも、はるかに傷つきやすいものであることが理解されるようになった。しかし、現代産業は依然として古い世界観に基づいて動かされている。そのために自然の健全性、繊細さ、相互関連性などは、工業デザインの課題としてはほとんど考慮されずにいる。今日の産業の根底にある基本的な概念は、短絡的な発想にとらわれている。製品をできるだけ速く、安く作り、消費者のもとへ届けることにこだわっているのである。

産業革命は、確かに良い意味での社会変革を多くもたらしてくれた。生活水準が上がることで人の寿命は延び、医療や教育機関が改善されることで、人々に多くの恩恵がもたらされた。電気、通信、その他の技術革新によって、私たちの生活はより便利で、快適になった。発展途上国では、技術の進歩が農業生産性や収穫量、食糧備蓄率などを高め、膨れ上がる人口を支えることが可能になった。

しかし、産業革命には根本的な欠陥があり、それによって重大な誤謬が生じた。そして、私たちは、産業革命当時に支配的だった価値観をそのまま引き継いできてしまった。そのために、自然と文明のすべてを破壊しかねない「負債」を抱え込んでしまっているのだ。

＊5 Emerson, R. W. Nature. In (Eds) Whicher , S. E. Selections form Ralph Waldo Emerson. Houghton Mifflin, (1957) p.22

現代の産業モデル

一方通行のデザインモデル――「ゆりかごから墓場へ」

現代の典型的な廃棄物埋立地を思い浮かべてみよう。古い家具、布や革、カーペット、テレビ、衣服、靴、電話機、コンピューター、プラスチック包装、さまざまな合成製品、さらには有機性のオムツ、紙、木材、生ゴミなど、どれも貴重な原料から生産されたものばかりである。すなわち、廃棄物とはいっても、すべてもともとは原料を収集し、加工生産する上で、大なり小なり費用と手間をかけた製品である。

見方を変えれば何億ドルにも相当する有形資産なのだ。たとえ食べ物や紙のように生分解性のものであっても資産価値はある。なぜなら、腐敗すれば生物的栄養素として土に返すことができるからだ。ところが残念なことに、せっかくの資産も廃棄物埋立地に積み上げられているために、その価値が無駄になってしまっているわけだ。

このような資産の無駄は、産業システムが、短絡的で一方通行の「ゆりかごから墓場へ」というモデルが生み出すデザインの行きつく結果として起きる。資源は採掘され、製品化され、販売され、やがて焼却炉や埋立地といった「墓場」に捨てられる。この最後の過程については、読者もよく知っていることだろう。なぜなら消費者である以上、あなたは責任を持って、いらなくなったものは然るべきところに捨てるか、処分をしなければならないからだ。

しかし、本当にそうだろうか――。あなたは、消費者であるには違いないが、真の意味で消費するものとは、食べ物と飲み物だけである。それ以外のものは「どこか」に捨てられるようにデザインされているのだが、その「どこか」を、私たちは具体的に把握しているのだろうか──。実を言うと、そんな場所は本当には存在しないのだ。もはや現代社会において、「どこか」は「いずこか」へと消え去ってしまっているからだ。

現代の製造業においては、「ゆりかごから墓場へ」というデザインが一般的だと述べた。ある調査によると、アメリカでは耐久消費財を生産するために採集された原料の90％は、ほとんどすぐに廃棄物となる。[*6] もともと、製品そのものの寿命が非常に短いものも多い。高価な家電品でも、修理してくれる人を探すよりは、新しい物を購入するほうが安くつく場合も多い。事実、多くの商品が「すぐに旧式化することを計算に入れて」デザインされている。このために、消費者がいま使っているものを捨てて、新しいモデルを買いやすいよう、まるでそれを奨励するかのように、耐久性を短くしてあるものも少なくない。

また、自宅のゴミ箱に捨てられる廃棄物は、氷山のほんの一角に過ぎない。なぜなら家庭で捨てられる部分というのは、製造・運搬の過程で使用された資源のうちの平均で5パーセントと、ごくごく一部分でしかないからだ。

＊6 Ayres, R. & Neese, A. V. Externalities: Economics and Thermodynamics, In (Eds) Archibugi ,F. & Nijkamp, P. Economy and Ecology: Towards Sustainable Development. Kluwer Academic, (1989) p.93

ユニバーサル・デザインの潮流

「ゆりかごから墓場へ」というモデルは、それが生まれた当初から現在にいたるまで、特に疑問視されることはなかった。それゆえ、これまでその時々の社会を批判してきたムーブメントにおいても、「ゆりかごから墓場へ」というモデルの内包する問題点を見過ごすか、その本質を理解しきれずに、別のあらたな問題を生み出してきた。

一つの例として、「ユニバーサル・デザイン」なるものを浸透させようというムーブメントがあげられる。ユニバーサル・デザインはこの1世紀の間に、デザインにおける主要な方法として現れた。建築界ではインターナショナル・スタイルという形をとり、20世紀初頭にミース・ファン・デル・ローエやウォルター・グロピウス、ル・コルビュジエらが、ビクトリア調のスタイルに反発して展開させた。（当時はまだゴシック調の寺院が設計・建設されている時代だった）

彼らには、単に美的な意図だけでなく、社会的な目標があった。金持ちは装飾を凝らしたぜいたくな家に住み、貧しい人々は汚くて不健康な家に住むという社会に対して、貧富や階級の差に左右されることなく、誰もが清潔で、簡素で、安価な家に住むことができるようになることを目指したのである。大型の板ガラスやスチール、コンクリート、化石燃料で動く安い運搬手段などのおかげで、建築家や技術者たちはこのスタイルを世界中どこにおいても実現することが可能になった。

今日のインターナショナル・スタイルは、当初のような大きな志を失い、単なる様式美にすぎなくなっている。そのデザインは地域の文化や自然、エネルギーや物質の流れなどといった特徴を無視したものである。同じスタイルによって均一化、画一化され、世界のどこに建てられていても同じように見え、味気ない。アスファルトやコンクリートでできたオフィスパークも、わずかに残された自然や景観とも調和せずに目立ってしまうものが多い。室内も同様に、パッとしないものになっている。開かない窓、常に振動音をたてるエアコンや暖房装置、日当たりや風通しの悪さ、蛍光灯の単調な照明、それはまるで人間のためでなく、機械のためにデザインされたかのように見える。

インターナショナル・スタイルの創始者たちは、自分たちのデザインによって人種を越えた「兄弟愛」を実現しようとしていた。しかし、昨今の建築デザイナーたちは、どこで

ローエによるシーグラム本社ビルディング

グロピウスによるバウハウス

コルビュジエの建築デザイン

も同じ安いコストで、同一の品質を可能にすることができるという理由で、このスタイルを用いている。インターナショナル・スタイルなら、アイスランドのレイキャビクであろうがミャンマーのヤンゴンであろうが、どこでも同じ機能を持たせ、同じように見せることができるからだ。

「最悪の事態」を想定

製品デザインにおけるユニバーサル・デザインの典型的な応用事例は、大量生産される洗剤だ。国や地域によって水の性質は異なっている。例えば、アメリカ北西部のような軟水の地域では、洗剤をあまり使う必要がないが、南西部の硬水の地域では、より多くの洗剤を使わなければならないという違いがある。

こうした違いを無視して、アメリカやヨーロッパの主な洗剤メーカーは、同一タイプの洗剤しか生産していない。その結果、世界のどこでも、硬水だろうが軟水だろうが、同じように泡立ち、汚れを落とし、殺菌をする洗剤が使われている。洗剤の混ざった水がどこに流されるかについてもおかまいないしだ。下水道に流れていくのか、魚のいる川に流れていくのかを無視して、化学薬品を増強することしか考えていない。

1日放って置かれたフライパンの油汚れさえ落とすような洗剤の威力を考えてみよう。そんな強力な薬品が魚の皮膚や植物の表面に触れれば、何が起きるだろうか。処理済みだろうが無処理だろうが、生活排水はやがて池や川、海へと流れていく。下水道には家庭用洗剤も医薬品も工業排水もともに流され、それらが水棲生物に影響を与え、時には突然変異や繁殖率の低下などの問題を引き起こすことも、明らかになってきている。[*7]

ユニバーサル・デザインを達成するために、メーカーは「最悪の事態を考慮して」デザインをする。いつどこで起きるか分からない最悪の事態にでも対応できるように製品をデザインしてさえおけば、どこでも使うことのできる製品となり、市場を可能な限りまで広げることができる。これは産業と自然の奇妙な関係を露呈している。「最悪の事態」がいつ、どこで起きても良いようにデザインすることは、ある意味で自然との闘いである。つまり、メーカーは無意識であれ、自然を敵とみなしているのである。

＊7 Cone, M. River Pollution Study Finds Hormonal Defects in Fish Science: Discovery in Britain Suggests Sewage Plants Worldwide May Cause Similar Reproductive-Tract Damage. Los Angeles Times, Sep.22. (1998)

「力ずく」の問題解決には限界

私たちは、もし産業革命にモットーがあったとしたら、「力ずくでだめなら、もっと力を使え」とでもいうものだろうと、よく冗談で言うことがある。ユニバーサル・デザインをあらゆる地域的条件や慣習を無視して当てはめようとするとき、その根底には、自然は制圧すべきものであり、制圧が可能なものであるという前提が潜んでいる。そして、そのようなデザイン手法を「当てはめて」いこうとせんがために、化学物質の有無を言わせぬ力や、化石燃料を用いるのである。

自然界のすべての生産工場では太陽から得られるエネルギーに頼っている。太陽のエネルギーは当座預金を常に満たし続けてくれる収入のようなものと言える。これとは対照的に、人間は地層深くに蓄えられている石油や石炭などの化石燃料を採掘して、エネルギーとして利用している。そして、それでも足りない分はゴミの焼却熱や原子力を利用しようとして、さらなる問題を生み出してしまっている。

人間は生産活動のために地域特有のエネルギーを活かし、それを最大限に活かそうということにはほとんど注目しないか、そのようなことはまったく考えようともしない。まるで人間の生産活動における標準的な作業指示書には、「熱すぎたり、冷たすぎたら、もっと化石燃料を使うこと」と書かれているようなものだ。

読者も地球温暖化についてはよく耳にしていることだろう。それは人間の活動によって、二酸化炭素などの温室効果ガスが大気に蓄積されることで生じる。温暖化によって地球全体の気候が変化し、気象変動が引き起こされる。結果として、多くの地域にこれまでより厳しい天候をもたらすことが予想されている。つまり、暑い地域はさらに暑く、寒い地域はより寒くなるのだ。

地球各地の温度差もより大きくなるだろう。また、大気が暖かくなると海水の蒸発量が増え、これにより大規模で降水量の多い激しい嵐が頻繁に起きるようになる。海面上昇、季節変動など、さまざまな気象問題も連鎖的に起きるようになるだろう。

地球温暖化の現実は、環境保護主義者のみでなく、産業界のリーダーたちにも認識されるようになってきている。[*8] しかし、エネルギーによる「力ずく」の考え方を改めるべき理由は、地球温暖化だけではない。例えば、化石燃料を燃やすと、煤《スス》の微粒子が大気中に撒き散らされる。そしてそれは、呼吸器官を害したり、その他の健康問題の原因となる。

化石燃料の燃焼によって発生する有害物質に関する研究が進むにつれ、健康を脅かすような空気中の汚染物質に対する規制は、より厳しくなってきている。[*9] こうした新たな規制の実行によって、化石燃料に依存する生産システムに頼る産業は、非常に不利な立場に追い込まれるようになっていくはずだ。

こうした問題が重要であることには違いないが、そもそも「力ずく」で得たエネルギーを長期的に主要エネルギー源とすることが、理にかなっていないのだ。毎日の出費を貯金のみで賄うのが賢明でないのと同様に、人類が必要とするすべてのエネルギーを、地球の貯金に頼ってよいはずがない。明らかに今後、石油化学製品を手に入れることはより困難に、より高価になっていく。それを、未採掘の地域からわずかに得られる数百万バーレルの石油でどうにかしようとしても無理である。

ある意味で、化石燃料のような有限のエネルギー資源は、貯蓄とみなされるべきである。だとすれば、それは医療目的などの緊急時に限るというように、控え目に使用されるべきであろう。そして、ごく一般的なエネルギー需要に関しては、豊富に存在する太陽光エネルギーを利用すれば良い。人間の活動に必要なエネルギーの数千倍もの太陽光線が、日々この地球の表面に注がれているのだから――。

＊8 デュポン（化学メーカー）、ビーピー・ピーエルシー（国際石油資本）、ロイヤル・ダッチ・シェル（国際石油資本）、フォード（自動車メーカー）、ダイムラー・クライスラー（自動車メーカー）、テキサコ（アメリカの石油会社。2001年シェブロンに買収された）、ゼネラルモーターズ（自動車メーカー）の各社は、地球温暖化を食い止めようとする企業団体である「地球気候連合Global Climate Coalition」から脱退した。

＊9 EPAは公害規制のある地域の風上にある製造業社も規制を適用するという法を加えようとしている。Wald, M. Court Backs Most EPA Action in Polluters in Central States. The New York Times. May,16.（2001）およびGreenhouse, L. EPA's Authority on Air Rules Wins Supreme Court's Backing. The New York Times, Feb.8.（2001）参照。

相対する均一性と多様性

生産と開発の世界では、自然界においては欠かせない「多様性」という要素が、デザインをする上ではやっかいなものとして扱われることが多い。「力ずく」のポリシーとユニバーサル・デザインによる開発姿勢は、概して自然や文化の多様性を圧倒または無視する。その結果としてバラエティーに欠けた、より均一化されたものが生み出される。

典型的なユニバーサル住宅の建て方を見ると、まず建設業者は粘土層などのしっかりした地層が露出するまで、宅地の表面にあるものを、何もかも削り取ってしまう。その上で、さまざまな土木機械を持ち込んで、露出した表面をならしていく。木々は倒され、その土地の植物相や動物相は脅かされ、破壊されてしまう。そして周囲の環境を無視した、どこにでも見られるような小型のマクマンション◇やモジュラー住宅が建てられる。

この時に、どのような建て方をすれば、冬に部屋を温めてくれる太陽光が入ってくるか、どの樹木を残せば風や暑さを遮ってくれるだろうか、さらにはその土地の土壌や水質の健全性を恒久的に維持していくにはどのようにすればよいか、などは考慮されない。そして、住宅の周囲の地面には、厚さ数センチの外来植物の絨毯《じゅうたん》が敷かれる。

芝生というのは手のかかる代物だ。われわれは芝生を植えると、それがよく根付き、均一に育つように人工肥料や危険な殺虫剤を浴びせ、せっかく伸びてきたところを刈り込んでしまうのだ。そのあげく、そこに小さな黄色い花がひょっこり頭を見せようものなら、思わず悲鳴をあげる！

現代のたいていの都市近郊地区は、その土地特有の自然や文化的な背景に合うようにはデザインされず、ガンのように自己増殖しながら、ただ広がっていく。その過程でアスファルトやコンクリートが自然の風景を覆い尽くし、生態環境を絶滅させていく。*10

＊10 New York 近辺の三州を合わせた地域では、道路、建物、駐車場、無機物からなる部分など、透水性

のない表面の面積は、１９９６年には全体の30％であった。その10年前は19％であった。２０２０年の予想は45％である。Hiss, T. and Yaro, R. D. A Region at Risk: The Third Regional Plan for the New York-New Jersey-Connecticut Metropolitan Area. Island Press, (1996) p.7

「質の低下」が始まった

近代農業も同じような道をたどりがちである。例えば、アメリカ中西部の大農場方式のトウモロコシ栽培においては、最低限の時間と労力と費用によって最大量の収穫を得ることを目標としている。これは、初期の産業革命のデザインが最大効率を目指していたのと同じである。効率を求めた結果として、現在栽培されているトウモロコシのほとんどは非常に特殊化した交配品種で、中には遺伝子を操作されたものまである。

近代農業は、ある特定の作物だけを栽培するという単一作物農法を築いた。そこで栽培されるのは、トウモロコシであればその原種ではなく、交配が何度も繰り返された「栽培品種」だ。農業経営者は除草機械を使って雑草を取り除こうとするが、これによって土壌は風雨に浸食されやすくなってしまう。機械を使わないようにしようとすれば、その代りに大量の除草剤を撒かなければならない。いずれにしても、現代の商業需要に適さないという理由から、昔のトウモロコシ品種は絶滅してしまった。

こうしたやり方は、表面的には農業経営者だけでなく、「消費者」にとっても合理的であるかのように見える。しかし、実際には、このようなやり方には明白な問題と潜在的な問題がある。穀物をより早く、より多く、効率的に収穫するために取り除かれる生態系の一部は、本来は、実を言えば農業に利益をもたらしてくれるものなのだ。

例えば、除草機械で刈り取られる雑草も、刈らずにおけば浸食や洪水を防ぎ、土壌を安定させ、再生してくれる。さらには昆虫や鳥に棲み家を与え、なかには穀物の害虫を退治してくれるものまである。現在、害虫は農薬への耐性をつけ、その一方で、害虫にとって天敵である生物は駆除されていくので、その数が激増し始めているのだ。

農薬の使用は農業経営者にとっても、環境にとっても永続的な損失をもたらす。しかし農家は、そんなことは意識もせずに農薬を使っている。化学薬品会社は農家に対し、農薬の使用について注意するよう警告はしているが、実際には農薬がたくさん売れてくれればそれだけ儲かるのである。言い方を変えると、こうした企業は農家が間違った使用をしていようがいまいが、とにかく自分たちの製品を浪費してくれることに投資しているのである。その結果が土や水、空気を汚染する可能性につながるとしてもである。

こうした人工的に管理されたシステムでは、害虫の天敵となり、栄養素を循環させてくれるはずの植物や生き物は取り除かれてしまう。したがって、商業的に安定したシステムとして維持するためには、さらに強い農薬や化学肥料を投入しなければならない。このために土壌自体の持つ滋養分は失われ、化学薬品で汚染されてしまう。そして人々は化学薬品の流出を恐れ、農場の近くには住みたがらなくなる。

現代の農業は美しく文化的な喜びをもたらすどころか、家族を健康的な環境で育てたいと願う地元の人々にとって恐怖の対象となっている。このような管理システムを用いれば、短期的には経済的な利益は増加するかもしれない。しかし、「農業システム」として総体的に見た場合には、すべての側面において質の低下を招いているのである。

問題は農業自体にあるのではなく、狭い視野で事業を営むことにある。単一の作物を栽培していくことに専心する農法は、生態系がもともと請け合ってくれていた、豊かな「サービス」のネットワークと、その副産物として生まれるメリットを極端に減少させてしまう。[*11]

数十年も前に、ポール・エーリック◇とアン・エーリック◇やジョン・ホルドレン◇といった科学者たちは、当時の農業を、「複雑な関係からなる自然の生物群集を、人工的で単純な数種類だけの作物に置き換える、生態系の単純化である」としている。[*12]

現在の農業も、この当時と何ら変わってはいない。このような単純なシステムは単独では存続しえない。皮肉にもこのような単純化は、そのデザイン目標を達成するために、さらに強引な力を必要とする。化学薬品や、近代的な農業管理方式の農薬をやめれば、作物は衰えていく。しかし、やがて多様な生物が徐々に戻ってきて、生態系の複雑性が復活するようになれば、収穫も回復するのである。[*13]

＊11 Wes Jackson いわく、プレーリーは、開拓される以前は多様で草に覆われ、ヘクタール当たりでは

近代農業よりも多くの炭水化物やタンパク質を生産していた。しかし従来式の農業は、その豊かな生態系を自然の条件にもとづいて利用していない。
＊12 Ehrlich, P. R., Ehrlich, A. H., & Holdren, J. P.Ecoscience: Population, Resources, Environment. W. H. Freeman, (1970) p.628
＊13 さまざまな方式で多くの動植物を循環させ、生態系のもつ複雑さと生産力を活かす有機的農業が世界のあちこちで育ちつつある。詳細についてはSir Albert Howard, J.I.Rodale, Masanobu Fukuoka, Joel Salatin, Michael Pollan の著作を参照のこと。「ホメオスタティック」農業、すなわち、ひとつの目的のために単一農作を行うのではない農業の例として、Wes Jacson はアーミッシュの農業を挙げている。

経済発展＝繁栄か

１９８９年に起きたエクソン社のタンカー、ヴァルディーズ号の原油流出事故によって、アラスカの州内総生産が著しく増加したことは、興味深い事実である。厖大な人数の人々が原油漏れの処理作業に従事したため、プリンス・ウィリアム湾沿岸地域のレストラン、ホテル、店舗、ガソリンスタンドなどでは一時的に景気が上昇し、経済的繁栄が記録されたのである。

「ＧＤＰ」（国内総生産）が発展の尺度とするものはただ一つ、経済的な活動である。しかし、誰が原油流出の結果を発展などと呼ぶだろうか。ヴァルディーズ号原油流出は、アメリカにおいてこれまで起きた人為的な環境災害の中で、最も大量の野生生物を死に至らしめたという説もある。１９９９年の政府の報告では、原油流出の影響を受けた生物23種

エクソンによるオイル流出事故
世界中から様々な分野の専門家やボランティアがかけつけた。この時から大規模な人為的環境災害に対する組織的かつ包括的な災害処理対応チームの重要性が認識されるようになった。

のうち、回復したのはわずか2種のみであった。その影響は今でも魚や動物に、腫瘍や遺伝子の損傷、その他の害を与えている。

この事故はまた、文化的な損失ももたらした。この地域の5つの州立公園、4つの州立絶滅危惧種生息地、1つの州立禁漁区、また重要な魚たちにとって産卵や稚魚の養育のために重要な場所が被害を受けた。これが1993年のプリンス・ウィリアムズ湾のニシン激減につながった可能性もある。おそらく原油に曝されることが原因で起きたウィルス感染によるものだろう。漁師たちは、収入を奪われたのみでなく、意欲などの精神面においても、計り知れない打撃を蒙った。

GDPが発展の指標として用いられるようになったのは、まだ天然資源が無限にあると思われていた時代であり、「クオリティ・オブ・ライフ」とは、経済的に高い生活水準のことを意味していた。しかし、もし経済活動の上昇だけで繁栄を計るのであれば、自動車事故や通院、病気（例えばガン）、危険物の流出などもみな繁栄の指標となるはずだ。

資源の損失、文化の衰退、社会・環境への悪影響、クオリティ・オブ・ライフの低下といった「病い」は、すべてが同時に起こり得るもので、そうなれば地域全体は衰退していく。しかし、こうした病いは、単純な経済の数字からすると経済的生活はよく見えるために否認されてしまう。*14

世界中の国々が、GDPのような数値が提唱する「進歩」を達成するべく、経済活動に邁進している。しかし、経済競争の中では、社会的活動、文化活動、生態学的な影響など、長期間を経て起きる影響は、往々にしてないがしろにされてしまう。

＊14 GDPの欠点および進歩を計る新しい数値の提案については、Cobb, C., Halsted, T., & Rowe, J. If the GDP Is Up, Why Is America Down? Atlantic Monthly, Oct.（1995）p.59を参照。

大量生産が「未熟製品」を生み出す

現在の産業構造におけるデザインが目標とするものは、安価で規制に適合し、十分な機能を備え、市場の期待に添う程度に長持ちする製品をつくることである。このような製品は、メーカーの要望を満たし、消費者の期待にもある程度かなえられる。しかし、我々の考え方では、人間および生態系の健康を考慮してデザインされていない製品は、知性的とは言えず、優雅さに欠けるものである。そのようなものを我々は、「未熟製品」と呼んでいる。

例えば、大量生産された一般的なポリエステル生地やペットボトルはアンチモンという物質を含んでいる。アンチモンは有害な重金属であり、特定の条件下では発ガン性を持つことが知られている。この物質がユーザーにとって、どのような危険性があるかという問題はひとまず別にして、デザイナーとして我々がまず問いたいのは、なぜこの物質を使うのかということである。

アンチモンは必要な物質だろうか――。実はそうではない。アンチモンは現在、重合過程で触媒として使用されているが、ポリエステル製品自体に絶対必要な物質ではない。さて、こうした製品が廃棄され、「リサイクル」されるときに（事実は「ダウンサイクル」なのだが）他の素材と混ぜ合わされると、いったい何が起きるだろうか。また、発展途上国でよくあるように、他のゴミとともにアンチモンが料理用の燃料として燃やされた場合にはどうなるのだろうか――。焼却によってアンチモンは気化し、体内に吸い込まれるようになってしまう。したがって、ポリエステルが燃料として使用される可能性があるならば、ポリエステルは安全に燃やせるもので出来ていなければならないはずだ。アンチモンが使用されているポリエステルのシャツやペットボトルは、我々が「製品プラス」と呼んでいるものの一例である。

こうした製品を購入するときに、あなたは自分が望んでいる物やサービスを手に入れる。しかし、その製品にはあなたが頼みもしなければ、知りもしないものもプラスされてくる。そうしたものが、あなたやあなたの大切な人を危険に晒《さら》すかもしれないのである。

本来、「製品プラス」のポリエステル製のシャツなどには、シャツのラベルに「この製品の染料などに有毒な成分が含まれています。汗をかいたまま着ると、肌から浸透する恐れがあります」といった表示がされるべきだろう。しかし、それ以前の問題として、これらの余分な物質は、製品そのものには必要ないかもしれないのだ。

氾濫する「未熟製品」

1987年以来、我々は主要な家電メーカーによる、コンピューターのマウス、電動カミソリ、小型ビデオゲーム機、ヘアドライヤー、携帯CDプレーヤーなど、さまざまな日用品を調査してきた。[*15] その結果、調べた製品は、どれも使用中に、胎児に影響をおよぼす催奇性物質や発ガン性物質を空中に放出することが判った。

具体的な例をあげてみよう。例えば、電動のハンドミキサーが撒き散らすガスに含まれる化学物質は、ケーキに使われるバターの油分子と結びついてしまうらしく、焼きあがったケーキにもハンドミキサーの放出した化学物質が含まれていた。こうなると、料理をするときにも注意しなければならない。そうしないとうっかり家電製品を食べてしまうことになりかねない。

なぜこんなことが起こるのだろう——。その理由は、ハイテク製品の材料が一般に、地球を半周もするところにある供給先から届けられる安価で、低品質のプラスチックや染料素材でできているからである。これはアメリカやヨーロッパでは使用を禁止されている物質であっても、他の国々で作られる部品や製品として運び込まれてしまうということを意味する。

一例を挙げてみよう。溶剤のベンゼンは、アメリカの工場では発ガン性があるために使用が禁止されている。しかしベンゼンは、使用が禁止されていない発展途上国で作られたゴム製品に混入して輸入されてしまう。そして、ゴム製品がもしトレーニング・マシーンに取り付けられれば、人がトレーニングするたびに、「禁止」されているはずのベンゼンが周囲に撒き散らされるわけである。

このような問題はさまざまな国からパーツが集められ、一つの製品として組み立てられる場合にさらに深刻となる。そのようなことがしばしば電子機器や家電製品のようなハイテク機器において起きる。メーカーはこれらのパーツに何が含まれているのかすべて把握しているわけではなく、また把握しなければならないという規則があるわけでもない。そのためアメリカで組み立てられた運動機器に、マレーシアからのゴムベルトや韓国からの化学薬品、中国からのモーター、台湾からの接着剤、ブラジルからの木材が使用されているということになりかねない。

これらの「未熟製品」は、あなたにどのような影響を及ぼすだろうか——。一つには、室内の「空気の質」を悪くする。家電製品、カーペット、壁紙、接着剤、ペンキ、建材、断熱材、その他何であれ、未熟製品が仕事場や家庭に持ち込まれると、平均すれば、室内の空気のほうが屋外の空気よりも汚染されたものになってしまう。

ある汚染についての世帯調査では、全世帯の半分以上から、動物に対してはガンの原因となり、人間への危険性も疑われる7つの有毒物質が検出された。しかもそのレベルは、スーパーファンド用地◇の場合だったら、住宅地としての利用を許可されない基準値よりもずっと高いものだった。[*16] アレルギーや喘息、その他の「シックハウス症候群」に苦しむ人が増えているにもかかわらず、室内の空気の質について強制力のある基準を設けた法律はどこにも存在しない。[*17]

子供用にデザインされた製品の中にも、「未熟製品」が存在する。[*18] 例えば、子供用の「腕浮き輪」を分析すると、PVC（ポリ塩化ビニル）製のものは、気温の上昇に伴い、塩酸などの有害物質を空気中に放出することが判った。また、プラスチック可塑剤のフタル酸エステルなどは、肌に接触することにより体内に取り込まれる。これでは子供をプールで遊ばせるのが不安になる。皮膚の厚さが大人の10分の1ほどしかない子供の肌では、水に濡れて皺《しわ》になった状態が、もっとも毒素を吸収しやすいのである。

ここでもあなたは気がつかないうちに、「製品プラス」というおまけ付きの買い物をしていることになる。子供のために買った「腕浮き輪」に、欲しくもない毒素がついてくるのだ。これではお買い得どころの話ではない。もちろん、メーカーサイドも、この子供用安全具を作ったときに、こんなことは意図していないのだが。

「プールやプラスチック製の浮き輪で病気になった子供なんて、聞いたことがない」――とあなたは思うかもしれない。しかし、人によっては原因が容易に特定できる病気になるのではなく、知らず知らずのうちにアレルギー、喘息、化学物質過敏症、体調不良といった病状に陥る場合が少なくないのだ。たとえ、ただちに影響が現れなくとも、発ガン性物質のベンゼンや塩化ビニルに接触し続けることは賢明とは言えない。

＊15 Braungart, M. et al. Poor Design Practices — Gaseous Emissions form Complex Products. Project Report, (1997) p.47
＊16 Orr, W. R. & Roberts, J. W. Everyday Exposure to Toxic Pollutants. Scientific American, (1998, Feb.) p.90
＊17 スウェーデンにて法律を定める動きが始まったばかりである。
＊18 Michael Braungart, M. et al. Poor Design Practices, p.49

免疫システムを低下

現代の我々の身体は、体内と体外の双方からストレスを受けやすくなっていると考えることができる。こうしたストレスによっても、我々の体内にはガン細胞が形成され、1日

12個のスピードで増殖すると言われている。そして、そのストレスを起こすものには重金属、病原体などさまざまなものがあるのだ。

身体の免疫システムは、ある程度のストレスには耐えられる。例えて言えば、ストレス因子はジャグリングの玉で、免疫システムはジャグラーである。ジャグラーは、いくつもの玉を上手にキャッチしては、空中に放り投げる。これと同じように、免疫細胞も10や12ぐらいの危険な細胞であれば、これを捕まえて破壊することができる。しかし、身体がより多くのさまざまな毒物に取り囲まれるということは、ジャグリングの玉が増えていくようなものである。

その結果、悪性の細胞が増えれば、健康な細胞を複製する役割を担う複製細胞がうっかり間違えて、悪性細胞を正常な細胞として複製してしまうチャンスも増える。どんな分子や要素が身体のシステムを狂わせるのかを判断するのは難しい。しかし、そもそも誰も欲しがらず、必要も無いような物質が、ストレスを引き起こすのであれば、それを取り除けばよいのではないか――。

なかには別の形で悪影響を及ぼす工業薬品もある。これはストレスよりも狡猾に免疫システムを弱らせる。それはジャグラーの片手を後ろで縛るようにして、ガン細胞が問題を起こす前に、それを捕まえることを非常に難しくさせる。最も悪質な化学物質は、免疫システムを弱めるだけでなく、細胞自体を破壊してしまう。これではジャグラーが片手で、しかも増え続ける玉をジャグリングしようとするようなものだ。このような状態で、正確かつ優雅に芸が続けられるだろうか。それでもなお、ジャグラーは芸を続けようとするだろうか。我々は自分たちの免疫系を酷使するのではなく、免疫システムを強化するべきはずなのではないか。

ここではガンを例に挙げたが、さまざまな化合物が、科学のまだ明らかにしていない問題をもたらす可能性もある。例えば、「環境ホルモン」については10年ほど前まで、誰も知らなかった。しかし、今では生物にとって最も危険な物質の一つとされている。*19

今日、産業界で生産・使用されている化学物質や混合薬剤は、約８０００種類にのぼる。しかも、そのそれぞれから5種類以上の副産物が生み出されている。それにもかかわらず、そのうち生態系への影響について研究されているものは、約３０００種に過ぎない。

これでは「昔に戻りたい」という誘惑にかられてもしかたがない。しかし、次なる産業革命は、産業革命以前の時代を理想とするものではない。例えば、すべての繊維製品を天然素材で作ろうというようなことにはならないはずだ。確かに、昔は繊維製品はみな生分解性だったから、古くなったものは、捨てて腐敗させても、燃料として燃やしても安全だった。

しかし今日、すべての人々のニーズを満たすだけの天然繊維は生産されてはいないし、またそれだけの量を生産することは不可能である。もし、数十億の人々がみな天然染料で染めた天然繊維のジーンズを求めるならば、人類はその需要を満たすために、食物を育てるための何百万ヘクタールもの農地を、藍と綿花の栽培のために譲らなければならなくなる。また、「天然」の製品だからといって、必ずしも人間や環境にとって安全だとも限らない。藍は突然変異原を含んでおり、また、通常は単一栽培されるために遺伝的多様性が激減してしまう。我々が変えたいのは「ジーンズ」(jeans)であって、「遺伝子」(genes)ではないのだ。

自然が生み出した物質は、非常な毒性を持つこともある。なぜなら、それは私たち人間の用途に合うように、特別に進化してきたものではないからである。また飲み水のように、我々にとって必要で害のないものでさえ、その中に数分以上沈められれば、人は死んでしまう。

＊19 合成化学物質の人間や生態系への影響については、Carson, R. Silent Spring. Penguin Group(1962)(邦訳『沈黙の春』レイチェル・カーソン著、青樹簗一訳、新潮社、2001年)およびColburn, T., Dumanoski, D. & Myers, J.P. Our Stolen Future(『奪われし未来』シーア・コルボーン、ダイアン・ダマノスキ、ジョン・ピーターソン・マイヤーズ著、長尾力訳、翔泳社、2001年)参照。

「変革の戦略」をデザインする

今日の産業基盤は、経済成長を求めるように設計されている。それは、ほかの重要な関心事、例えば人間や生態系の健やかさ、文化や自然の豊かさ、さらには楽しみや喜びを犠牲にしてでも、経済を優先する。我々が予想もしなかったよい結果をいくつかもたらしてくれたこともないではないが、おおむね産業の方法論と生産物は、消耗的である。

しかし、過去の実業家や技術者、デザイナー、開発者たちは、意図して人間や環境にとって悲惨な結果をもたらそうとしてきたわけではない。今日、産業にかかわっている人々も当然のことながら、世界に危害を加えようという意図を持っているわけではない。今まで語ってきた廃棄物や公害、未熟製品、その他のネガティブな事柄は、企業が何か道徳的に誤ったことをした結果ではない。これらは時代遅れで、知力を欠いたデザインがもたらした結末なのである。

とはいえ、そのダメージは明白かつ深刻である。現代産業は、それ自体がもたらした基本的な成果を、少しずつ切り崩している。例えば、食料の備蓄によってより多くの子供に食べ物が行きわたるようになった。しかし同時に、より多くの子供たちがひもじい思いで眠りについている。栄養を十分に与えられた子供たちでさえ、汚染や産業廃棄物によって、突然変異やガン、喘息、アレルギー、その他の病気や障害の原因となる物質に日夜さらされているとしたら、いったい何が成し遂げられたというのだろう。

今日の幅広く出回っている劣悪なデザインは、我々の一生を越えて、はるか未来の世代にまで影響を及ぼすものだ。我々はこれを「世代超越的虐待」と呼ぶ。つまり、今日の我々の行為が、未来の世代に虐待を与えることである。いつか、メーカーやデザイナーも

「このままではいけない。このシステムを支持し維持し続けることはできない」と気づくだろう。どこかで、もっとポジティブなデザイン・レガシー（遺産）を残そうと決断するだろう。しかし、それはいったい、いつのことだろう。我々は、今がその時だと主張する。もはや、明日へ先延ばししてはいられないのだ。

あなたの目の前で環境の破壊が起きていること知っていながら、何もしようとしなければ、たとえあなた自身には破壊に加担するつもりはなくても、あなたは「悲劇の戦略」に関与していることになるのだ。その「悲劇の戦略」を続けることもできるし、「変革の戦略」をデザインして実践することもできる。実行可能な「変革の対策」ならば、すでにいくつも存在すると、あなたは考えるかもしれない。「グリーン対策」「環境保護」「エコ効率」などを謳った活動が数多く行われているではないか。

次の章では、こうした活動とその活動が提案する解決策について詳しく見てみよう。

◇**ジョン・クレア**……John Clare(1793～1864)。イギリスの詩人。
◇**ジョン・ラスキン**……John Ruskin（1819～1900）。イギリスの評論家、美術評論家。著書に『近代画家論』等。中世のゴシック建築を賛美し、モリスらの美術工芸運動に影響を与えた。
◇**ウィリアム・モリス**……William Morris（1834～1896）。イギリスの詩人、デザイナー、マルクス主義者。手仕事の重要性や、生活と芸術の一致を主張し、「アーツ・アンド・クラフツ運動」を主導。「モダンデザインの父」と呼ばれる。

◇**チャールズ・ディケンズ**…Charles John Huffam Dickens（1812～1870）。イギリスの小説家。貧しい人々の視点から社会を風刺し、人気を博した。作品に『オリバー・ツイスト』『クリスマス・キャロル』『二都物語』などがある。

◇**ラルフ・ワルド・エマソン**…Ralph Waldo Emerson（1803～1882）。アメリカ合衆国の思想家、哲学者、作家、詩人、エッセイスト。『自然』とは普通の意味では人間の手による変化を受けていない本質的要素、空間、空気、川、葉などのことを言う。『人工』はそのような自然の要素と人間の意志が、例えば家、運河、彫像、絵画の場合のように混じり合っている状態を言うのに使われる。しかし、人間の働きなどは全部寄せ集めたところで取るに足りぬものであり、わずかに削り、焼き、繕い、洗う程度のものだから世界が人間の精神に与える印象のように雄大なものの場合にはそれで結果が変わったりはしない」と述べている。

◇**ミース・ファン・デル・ローエ**…Ludwig Mies van der Rohe（1886～1969）。ドイツの建築家。ル・コルビュジエ、フランク・ロイド・ライト、ウォルター・グロピウスとともに近代建築の4大巨匠と呼ばれる。"Less is more."（より少ないことは、より豊かなこと）という標語で知られ、モダニズム建築のコンセプトの成立に貢献した。柱と梁によるラーメン構造の均質な構造体が、その内部にあらゆる機能を許容するという意味のユニヴァーサル・スペースという概念を提示した。

◇**ウォルター・グロピウス**…Walter Adolph Georg Gropius（1883～1969）。モダニズムを代表するドイツの建築家。バウハウスの創立者・初代校長。著書『国際建築』（1925年）において「造形は機能に従うものであり、国を超えて、世界的に統一された様式をもたらす」と主張し、インターナショナル・スタイル（国際様式）を提唱。

◇**ル・コルビュジエ**…Le Corbusier（1887～1965）。スイスに生まれ、フランスで主に活躍した建築家・画家。「住宅は住むための機械である」という彼の言葉は、伝統や装飾にとらわれず合理性を志す建築思想を端的に表現している。

◇**マクマンション**…限られた敷地を最大限利用して建てられる大型の住宅。中流階級の上層部が主なマーケットとされる。見かけは立派に見えても安い材料や画一化された工法で、短時間で建てられる。こうした特徴からMcDonald'sとmansionを掛け合わせてマクマンションと呼ばれるようになった。近年は資産運用目的で周囲に不釣り合いなほど豪華なものが狭い敷地ぎりぎりに建てられるものもある。より小型でデザインもほとんど画一化された分譲住宅はトラクトホーム（tract home）と呼ばれる。

◇**ポール・エーリック**……Paul Ralph Ehrlich（1932〜）。アメリカの昆虫学者、生態学者。スタンフォード大学生物科学部人口学教授。人口過剰に関する研究者として有名。

◇**アン・エーリック**……Anne Howland Ehrlich（1933〜）。アメリカの生物学者。人口過剰と環境問題に関する著書を夫のポール・エーリックと共同執筆している。スタンフォード大学Center for Conservation Biologyの副所長兼ポリシー・コーディネーター。現在、Pacific Institute for Studies in Environment, Development, and Securityの運営にたずさわる。

◇**ジョン・ホルドレン**……John P. Holdren（1944〜）。気候・エネルギーが専門の物理学者。ハーバード大学教授、アメリカ科学振興協会議長。地球温暖化対策の推進者として知られる。オバマ政権の科学技術担当補佐官に任命された。邦訳されている著書に『環境とエネルギー危機　明日の人類のために』（J・P・ホルドレン、P・ヘレラ著、井坂清訳、講談社、１９７５年）がある。

◇**エクソン社**……１９９９年にモービル社を合併し、エクソンモービルコーポレーション発足。アメリカ・テキサス州に本拠地を置く世界最大の民間石油会社。日本ではエッソ、モービル、ゼネラルの３ブランドでガソリンスタンドを運営。

◇**スーパーファンド用地**……有害物質に汚染された土地を浄化することを主な目的に１９８０年、アメリカで法制化された環境規制により、汚染サイトとして登録された用地。この法律は、浄化の費用負担を有害物質に関与したすべての潜在的責任当事者に負わせるとしている。汚染の調査や浄化はアメリカ環境保護庁が行い、汚染責任者を特定するまでの間、浄化費用は石油税などで創設した信託基金（スーパーファンド）から支出することから、通称・スーパーファンド法と呼ばれる。

太陽を見よ、
月と星を見よ
地球の美しき緑に眼を向けよ
そして、考えよ

ヒルデガード・ヴォン・ビンゲン

第2章
成長から持続へ

Polar meltdown © Arne Naever

経済システムの転換

「人類の未来」への警鐘

産業革命当初から、その有害性を少しでも減らそうという動きは存在した。例えば、当時でもすでに、公害によって多くの人々が病気に苦しみ、死亡するといったひどい状況だったために、工場に対する規制が必要だった。しかし、今日に至るまで、産業の有害性に対してとられた典型的な対応策は「レス・バッド」なアプローチである。

この対応策には、私たちにも聞きなれた「削減する」「回避する」「最小限に抑える」「持続する」「制限する」「停止する」といった用語が使われている。こうした考え方は長い間、環境保護の課題の中心を占め、現在の産業界においても、環境保護の行動を計画するに当たっては、これらの考え方に焦点が置かれている。

暗澹たる未来を早くから予見していた一人が、トーマス・マルサスである。18世紀末、彼はすでに、地球の人口は指数関数的に増加して行き、それが人類に壊滅的な結末をもたらすだろうと警告を発している。しかし、産業革命初期の爆発的な興奮のなかで、マルサスの見解に耳を傾ける者はあまりいなかった。当時、人間の生み出すものはおおむね、その善なる潜在能力によるものとされた。そして地球を自分たちの都合の良いように変造することは、大いに建設的であり、人口の増加も繁栄の証とみなされた。

マルサスは人間の未来に偉大な輝ける達成ではなく、心の闇、欠乏や貧困、飢餓などを予見していたのである。1798年に出版された彼の『人口論』は、人類の「完成可能性」を信奉するユートピア主義者・ウィリアム・ゴドウィンらに対する批判という体裁で書かれている。その中でマルサスは、「私は人間と社会の完成可能性に関するいくつかの推論に関しては、楽しみつつ読んだ」「そうした推論が提示する魅惑的な展望に、興奮と喜びを感じた」と述べている。

その一方で彼は、「しかし、人口増加力は地球が人間を養う能力をはるかに上回っているため、人類の滅亡が何らかのかたちで突然に起きるか、そうでなければ、他の何かが起きることになるだろう」と結論している。[*20]

その悲観主義や、人はセックスを慎むべきである、などと言ったことから、マルサスは当時の文化にとっては風刺の対象となってしまった。今日でも彼の名前は、クリスマスキャロルの登場人物・スクルージのような考え方を指すときに使われることがある。

マルサスが人口と資源について陰鬱な予見をしている頃、産業化の広がりと時代精神の変化に注目する者たちもいた。ウィリアム・ワーズワースやウィリアム・ブレイクのようなイギリスのロマン派作家たちは、自然によって喚起される精神性や想像性の深さについて述べ、獲得と消費にしか注意を向けようとしない機械論的な都市社会が広がっていくことを批判した。ジョージ・パーキンス・マーシュやヘンリー・デビッド・ソロー、ジョン・ミューア、アルド・レオポルドなどのアメリカ人たちは、この文学的伝統を19世紀、20世紀、そしてまた新大陸へと引き継いでいった。

彼らはメインの森、カナダ、アラスカ、大陸中西部や南西部の野生が破壊されるのを嘆き、自分たちの作品や周囲の風景の中にそれを残そうと努めた。そして、「野生こそ世界の救い[*21]」というソローの有名な信念を再確認していったのである。マーシュは人間が環境に及ぼす長期的な破壊を初めて理解した一人であり、レオポルドは今日の環境保護主義者が抱くような罪悪感を早くも感じていた。

私がこれらの思いを書き留めて印刷所に出すたびに、森林の伐採を促すことになる。

私がコーヒーにクリームを注ぐたびに、牛たちの牧草のために湿地を干し、ブラジル

トーマス・マルサス
Thomas Robert Malthus
イギリスの経済学者。主な著作『人口論』(1766～1834)。

ウィリアム・ゴドウィン
William Godwin
イギリスの政治評論家、小説家。科学・芸術・哲学の無限の進歩を信じ、現実の道徳生活とのずれに全ての矛盾が発していると主張した(1756～1836)。

の鳥たちの絶滅に貢献することになる。フォードに乗って狩りに出かければ油田を枯渇させ、ゴムを手に入れるために帝国主義者を再選するはめになる。こども二人以上の父になれば、より多くの印刷物、牛、コーヒー、石油に対する飽くことのない需要を生み出し、より多くの鳥、木々、花々が殺されるか、それらの棲み家から追い払われていく。[＊22]（Max Oelshaeger）

ここに紹介した作家たちの中には、シエラ・クラブやウィルダネス・ソサエティーのような野生を保護し、産業成長の影響から守ろうとする保護団体を創設した人間もいる。彼らの著作は、新世代の環境保護主義者や自然愛好家たちを啓発し、その影響は今も続いている。

＊20 Malthus, T. Population: The First Essay (1798). University of Michigan Press, (1959) p.3, p.49 『人口論』マルサス著、永井義雄訳、中央公論社、１９７３年ほか訳書多数。
＊21 Thoreau, H. D. Walking(1863). In (Eds) Howarth, W. Walden and Other Writings. Random House. 1981, p.613 邦訳『森の生活：ウォールデン』ヘンリー・D・ソロー著、佐渡谷重信訳、講談社、１９９１年ほか。
＊22 Oelshaeger, M. The Idea of Wilderness: From Prehistory to the Age of Ecology. Yale University Press, (1992) p.217 より引用

『沈黙の春』の衝撃

しかし、こうしたロマン主義的な野生への畏敬と、自然への憂慮についての科学的な根

拠が合流するようになるには、レイチェル・カーソンの『沈黙の春』の出版を待たねばならなかった。それまでの環境運動は、例えば森林破壊、採鉱による環境破壊、工場からの公害などの誰の目にも見える環境破壊について抗議をすること、あるいはニューハンプシャー州のホワイト・マウンテンやカリフォルニア州のヨセミテ国立公園のような美しい景観を保存することを意味していた。

ところが、カーソンは人が気づかないところで進行する問題を指摘して見せたのである。彼女は鳥たちのさえずりが消え去った風景を想像し、人間が作り出した化学薬品、特にDDTのような農薬が自然界にとって、なぜ壊滅的であるかを説明した。出版から10年近くの時間を必要としたが、『沈黙の春』はアメリカやドイツにおけるD

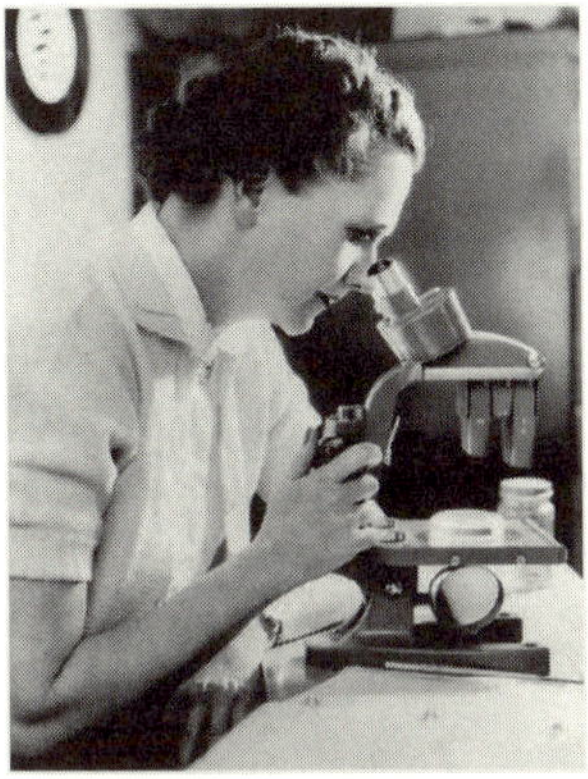

レイチェル・ルイーズ・カーソン
Rachel Louise Carson
アメリカの生物学者・作家。内務省で魚類・野生生物局に務め、1952年に退職するまで野生生物とその保護に関する情報収集に当たった。その仕事のかたわら、野生生物の詳細な観察を続け、自然保護を訴えた(1907～1964)。
Photo by Brooks Studio,Lear/Carson Archive Carson

『沈黙の春』‥‥レイチェル・L・カーソンが1962年に刊行した著作。DDTなど有機塩素系農薬の大量空中散布によって野鳥や魚介類等が大きな被害を受けるだけでなく、散布された農薬が農作物や魚介類に残留して人体に取り込まれ、人の健康に悪影響を及ぼす危険性をこの本で初めて警告した。

ＤＴの使用禁止を導き、工業用化学薬品の危険性に関する絶え間ない論争の引き金となった。また、科学者や政治家に刺激を与え、アメリカに「環境防衛基金」、「自然資源保護協議会◇」、ドイツには「ドイツ環境自然保護連盟◇」、そして「世界自然保護基金◇」といったＮＧＯを生み出した。

こうして環境保護者は、野生の保存だけでなく、毒物の監視や削減に関心を持つようになった。つまり、未開拓地や天然資源の減少だけでなく、公害と有毒廃棄物の問題も重大な関心事となったのである。

成長から持続への転換

マルサスの影響力は根強いものだった。『沈黙の春』の刊行から間もなく、１９６８年、近代環境保護主義の先駆者であり、スタンフォード大学の著名な生物学者であったポール・エーリックは、マルサス理論の警告に基づいて『人口爆弾』という著書を出版した。その中で彼は、１９７０年代と１９８０年代は資源不足と飢餓による暗黒時代となり、「何億もの人々が餓死する」だろうと予言した。[*23] さらに彼は、「人間は大気圏をゴミ捨て場にしている」「このままいったいどうなるか見てみたいとでも言うのか」「環境ルーレットという賭けから何を得ようというのか？」と指摘している。

１９８４年にエーリックと妻のアンは、続刊『人口が爆発する！』を出版した。二人は、この二番目の警告書の中で、「前作が書かれていた時には、すでに導火線に火はついていたのである。そしてすでに、人口という爆弾は爆発してしまっている」と主張している。[*24]彼らは「地球が抱えている不安の根底となる原因」として、「過剰な人口増加と、それが環境や人間社会へ与える影響」の二つを挙げている。ちなみに、この本の第1章のタイトルは「なぜ、誰も怯えずにいられるのか？」となっている。そして人類に対する火急の課題として、まず「人口増加をできるだけ早く、かつ人道的に食い止めること」「経済システムを成長型から持続型へと転換し、1人当たりの消費を減らすこと」の二点を提案している。

今日では、経済・産業の成長と環境問題との関連性を明らかにすることが、環境保護主義者たちの主なテーマとなっている。エーリックの第一作目と第二作目の間の１９７２年、ドネラとデニス・メドーズおよびローマ・クラブが、『成長の限界』という別の深刻な警告書を出版している。

その中で著者らは、人口増加と破壊的な産業のために、資源は激減しつつあると指摘している。そして、「もし現在のペースで人口増加および産業化、公害、食料生産、資源採掘が進んでゆけば、あと１００年のうちにいずれも地球の限界に達するだろう。結果として、突然、人口や産業力がなすすべもなく急落する可能性が高い」と結論している。[*25]

20年後に出版された続刊『限界を越えて』では、さらに多くの警告を、結論の中で発している。すなわち、「再生不可能な資源の使用を最小限に抑える」「再生可能な資源の劣化を防ぐ」「すべての資源を最大効率で使用する」「人口と物的資本の増加を徐々に制限し、最終的には停止する」などである。[*26]

1973年、フリッツ・シューマッハー◇は、『スモール イズ ビューティフル……人間中心の経済学』において、哲学的な視点から成長に関連する問題に取り組んでいる。その中で彼は、「すべての人々が満足するまで富を追求しようとするような、究極的な経済成長の考え方には真剣に疑問をいだくべきである」と書いている。[*27]

彼は、「我々を脅かしている破滅的な傾向を逆転させるような」小規模で非暴力的な技術を推奨し、加えて、人々は富や進歩について真剣に考え直さねばならない、と断定する。なぜならば、「より大きな機械は、より大規模な経済力の集中を促し、より深刻な打撃を環境に与えることになる。それは進歩ではなく、人の知恵の否定である」からだ。彼は、真の知恵とは、「人の内面にのみ見いだすことができる」ものであり、「即物的な生き方とは空しく、真の満足感は得られないことを気づかせる」ものであるとしている。

環境保護主義者たちが重要な警告を発する一方で、どうしたら消費者が環境への悪影響を軽減することができるか、その方法を提案する者もいた。その一例としては、1998年、ロバート・リリエンフェルトとウィリアム・ラスジ著作の『より少なく使うこと＝ほんとうの私たちを取り戻す環境対策 Use Less Stuff: Environmental Solutions for Who

We Really Are』がある。

二人は、「我々が憂慮する環境問題は、とどまることを知らない商品やサービスの消費が原因となっている。その一方で、環境問題自体がこうした消費を助長している。こうしたことは明白な真実である」[*28]と述べ、だからこそ消費者が環境への悪影響を減らしていくことを主導していかなければならないと論じている。

西洋文明における消費に対する貪欲な衝動は、麻薬やアルコール依存症のようなものだと著者らは言う。彼らにしてみれば、「リサイクルとはアスピリンのようなもので、過剰消費というひどい二日酔いを和らげるにすぎない」ことになる。したがって「環境への悪影響を軽減するための一番よい方法は、これ以上リサイクルをするのではなく、生産量や廃棄量を減らすことである」という結論に、結局落ち着くことになる。

産業界は消費者や生産者に対し、心を揺さぶる切迫したメッセージを伝えることに関しては、長く豊富な歴史を持っている。しかし、それにもかかわらず、産業界自体が自分たちに向けられた警告を真摯に受け止めるようになるには、何十年もかかった。実際、主導的な実業家たちが真剣に環境問題の原因を認識し始めたのは、1990年代になってからである。

＊23 Ehrlich, P. R. The Population Bomb. Ballantine Books, (1968) p.xi, p.39　邦訳『人口爆弾』ポール・R・エーリック著、宮川毅訳、河出書房新社、1974年。

＊24 Ehrlich, P. R. & Ehrlich, A. H. The Population Explosion. Simon & Schuster Books (1984) p.9, p.11, pp.180-181　邦訳『人口が爆発する！　環境・資源・経済の視点から』ポール・エーリック、アン・エーリック著、水谷美穂訳、新曜社、１９９４年。
＊25 Meadows, D. H., Meadows, D. L. & Randers , J. Beyond the Limits: Confronting Global Collapse, Envisioning a Sustainable Future. Chelsea Green, (1992) p.xviii　邦訳『限界を超えて―生きるための選択』ドネラ・H・メドウズ、デニス・L・メドウズ、ヨルゲン・ランダース著、松橋隆治、村井昌子訳、ダイヤモンド社、１９９２年。
＊26 前掲書 p.214
＊27 Schumacher, F. Small Is Beautiful: Economics as if People Mattered. Harper and Row (1973, rpt. 1989), p.31, p.34, p.35, p.39　邦訳『スモール・イズ・ビューティフル―人間中心の経済学』E・F・シューマッハー著、小島慶三、酒井懋訳、講談社、１９８６年。
＊28 Lilienfeld, R. & Rathje, W. Use Less Stuff: Environmental Solutions for Who We Really Are. Ballantine Books, (1998) p.26, p.74

「エコ効率」という戦略

１９９７年、モンサント社◇の会長であり、最高経営責任者のロバート・シャピロは、「私たちが無限にあると思っていたものには限界がある。そして、私たちはその限界に達しつつある」とインタビューで語っている。[＊29]

このような懸念に対して、１９９２年、「リオ地球サミット」がカナダの実業家・モーリス・ストロングらの提案で開催された。このサミットには環境の荒廃を憂慮した人々が約３万人も集まったが、その中には１６７カ国からの代表者が含まれていた。しかし残念なことに、このサミットでは拘束力のある協定は何も決められなかった。この結果についてストロングは、「多くの国家元首はいたが、本当のリーダーは誰もいなかった」と語っている。

しかし、このサミットでは産業界から一つの重要な戦略が浮かび上がった。それは「エコ効率」というものである。例えば、産業用機械の動力の多くは、よりクリーンで、速く、静かなものに変えることができるはずである。それでも、産業界はその構造を根本的には変えずに、または、利潤追求に大きな影響をこうむることなく名誉を挽回できうると考えた。

エコ効率は、「採り、作り、捨てる」という従来の産業のシステムに、経済的、環境的、倫理的な配慮を取り入れようとするものである。現在では世界中の産業が、エコ効率を自らの変革において選択すべき戦略とみなすようになっている。「エコ効率」という言葉の持つ主な意味は、「最小の努力で最大の成果を挙げる」というものである。実のところ、この考え方自体は、産業化の初期時代からあったものである。

かのヘンリー・フォードも、「経営とはスリムでクリーンでなければならない」として譲ることはなかった。そして、さまざまな無駄の排除、流れ作業による時間短縮、新しい作業基準の設定によって、何百万ドルもの経費の削減を実現してみせたのである。彼は、1926年に「労力、資源、時間を無駄なく最大限活用すべし」と書いている。[*30] この信条は、今日の経営責任者たちにとっても、彼らのオフィスの壁に敬い掲げられるものである。
おそらく、環境の保全と効率とのつながりを、もっとも明確に表現したものは、国連の「環境と開発に関する世界委員会」が1987年に発行した報告書『我ら共通の未来 Our Common Future』であろう。その中では、公害規制が強化されなければ、人間の健康や財産、生態系は深刻な危険にさらされ、都市での生活は耐え難いものになるであろうと書かれている。その対策は、「産業とその活動は、資源を効率的に利用し、廃棄と公害を削減し、再生可能な資源を利用し、人間の健康や環境にとって取り返しのつかない悪影響を最小限に止めることだ」としている。[*31]
「エコ効率」という造語が正式な用語として認められたのは、その5年後の「持続可能な発展のための世界経済人会議」においてであった。この会議は48の企業がスポンサーとなり、その中には地球サミットでビジネスの展望を提出するように依頼されたダウ◇、デュポン、コナグラ◇、シェブロンなどの企業も参加していた。この会議では、変革を現実的な視点で考えようという主眼のもと、産業が現状のまま進んだ場合、どこまで自然がその損失に耐えうるかよりも、改めて環境を意識することによって産業は何を得られるか、に重点が置かれた。
サミット開催に合わせて発行された報告書『チェンジング・コース――持続可能な開発への挑戦』では、長期的に競争力を持ち、持続し、成功したい企業のすべてにとってエコ効率は重要であることが強調されている。会議の設立者の一人、ステファン・シュミットハイニーは、「ビジネスがエコ効率を達成することなしに競争力を持つことは、10年間以内に不可能となるであろう。それはつまり、資源利用と公害を抑制しながら、競争力は商品やサービスに付加価値を加えることによって得られるようになるだろう」と予言した。[*32]

　彼の予想よりもさらに早い速度で、エコ効率の概念は産業界に浸透していった。エコ効率の考えを導入する企業の数は増え続け、ジョンソン＆ジョンソンやモンサント◇社、3M◇（スリーエム）社などの一流企業もその中にあげられる。3M社は、エコ効率が一般的な用語となる以前の1986年から「3Pプログラム」を実施している。「3P」とはPollution Pays Program の略で、すなわち「公害の防止は利益を生む」という考え方である。

　3R（削減、再利用、リサイクル）運動も今ではよく知られるようになり、職場でも家庭でも、それが実践されるようになってきている。このような動きは、エコ効率が実際に無視できないような経済利益をもたらしているということが後押しをしている。経済的に顕著な例としては、3M社では1997年に公害防止対策を導入したことによって7・5億ドル以上も節約をしたと発表している。[*33] 他の企業も、大きな節約を実現しつつあると主張した。

　言うまでもなく、資源やエネルギー消費、排出ガスや廃棄物の削減は、環境に良いだけでなく、社会のモラルにも良い効果がある。デュポンのような会社が発ガン性のある化学薬品の放出を、１９８７年以来、約70％も削減したと聞けば、誰でも多少は安心を覚えるはずだ。[*34] エコ効率的な企業は環境に良いことができ、人々にとっての将来への不安を減らすことができる。しかし、はたして本当にそうなのだろうか——。

＊29 Magretta, J. Growth Through Sustainability: An Interview with Monsanto′s CEO, Robert B. Shapiro. Harvard Business Review. (1997) Jan-Feb., p.82
＊30 Joseph J. Romm, Lean and Clean Management: How to Boost Profits and Productivity by Reducing Pollution. Kodansha America, (1994) p.21
＊31 World Commission on Environment and Development. Our Common Future. Oxford University Press, (1987) p.213
＊32 Schmidheiney, S. Eco-Efficiency and Sustainable Development. Risk Management, 43:7(1996), p.51
＊33 3M. Pollution Prevention Pays. http://www.3m.com/about3m/environment/policies_about3P.jhtml
＊34 Lee, G. The Three R′s of Manufacturing: Recycle, Reuse, Reduce Waste. Washington Post. Feb.5, (1996) A3

「エコ効率」の手法――3Rから4Rへ

❶削減（reduce）

有害廃棄物の生成量の削減、原材料の消費量の削減、製品の大きさを縮小することなどは、エコ効率の中心的な原則である。経済界を中心に、量ではなく質の転換という観点から、脱物質化という考え方が提唱されている。しかし、どの分野においても、削減することだけで枯渇や破壊が食い止められるわけではない。それは破壊の進行速度を遅くするだけで、破壊は長い時間をかけて少しずつ進行していくのだ。

例えば、エコ効率の重要な目標は、工場から排出される有害物質や危険な排気ガスを減らすこととされている。このことに対して疑問をはさむ余地はないように思われる。しかし最近の研究では、有害排気物はほんの微量であっても、時間をかけて生態系にとって壊滅的な結果をもたらす。環境ホルモンなどには、特にその恐れがある。一般に「環境ホルモン」と呼ばれる内分泌撹乱物質は、さまざまなプラスチック製品やその他の消費材に含まれている産業用化学物質である。こうした物質は、生体ホルモンの働きを真似て、人間やその他の生物の細胞の受容体と結合する。

合成化学物質と環境についての画期的な報告書『奪われし未来』[*35]において、著者のシーア・コルボーン◇、ダイアン・ダマノスキ◇、ジョン・ピーターソン・マイヤーズは、「こうしたホルモン活性化合物は、驚くほど少量でさまざまな生物学的損傷を引き起こし、特に胎児に影響する」と断言している。また、著者たちによれば、産業用化学物質とガンについての研究は進んでいるが、ガン以外の人体への影響については、まだ研究が始まったばかりだという。

他の領域の研究[*36]では、発電所や自動車が燃焼の過程で放出する微細粒子は、肺に留まって人体に害をもたらすことを報告している。１９９５年のハーバード大学の研究では、アメリカで毎年十万人もの人々が、これらの微粒子により死亡していることが分かった。アメリカでは微粒子の放出が管理・規制されることになってはいるが、この規制が実施されるのは２００５年以降である。そして、もしこの法律が排出量の削減のみにとどまるのであれば、依然として、少量の微粒子が問題を起こし続けるのだ。

また、廃棄物の減量対策として「焼却」という方法がある。これは「廃棄物のエネルギー転化」であるから、埋立てよりは健全だと考えられることが多い。しかし、焼却炉で燃やすことができるのは紙やプラスチックのような、燃えやすいがまだまだ利用価値のある素材だけである。その上、これらの素材は安全に燃やせるようにデザインされていないため、焼却すればダイオキシンなどの有害物質が空気中に放出されることになる。

例えばドイツのハンブルグでは、焼却炉からの灰落下物中の重金属が木の葉に多量に蓄積されてしまうため、その落ち葉を徹底的に焼却しなければならない。こうした悪循環は、同時に二つの問題を引き起こす。貴重な資源である重金属などが生物濃縮されて自然に影響を与え、そして産業のために再利用されることなく永遠に失われてしまうのである。

我々の生み出す廃棄物は、完全に健康的で生分解性のものでない限り、安全に空気や水、土壌に吸収されることはないのである。なかなか正しく認識されないのだが、生態系も、危険な廃水を安全なレベルまで浄化・蒸留することはできない。つまり、「削減」が長期的に健全な戦略であるとみなすには、産業汚染物が生態系に与える影響についての情報は、あまりにも少な過ぎるのである。

＊35 Colborn, T., Dumanoski, D. & Myers, J.P. Our Stolen Future. Penguin Group, (1997) p.xvi 邦訳『奪われし未来』シーア・コルボーン、ダイアン・ダマノスキ、ジョン・ピーターソン・マイヤーズ著、長尾力訳、翔泳社、１９９７年。
＊36 Regan, M. B. The Dustup Over Dust. Business week, Dec. 2, (1996) p.119

❷ 再利用（reuse）

廃棄物を「再利用」する市場を作ることは、何か環境に良いことをしているのだという気持ちを産業界にも消費者にも抱かせる。なぜなら、山積みの廃棄物が「どこか」へ消えたように見えるからである。しかし、多くの廃棄物とそれに含まれる有害・汚染物質は、単に別の場所へ移されているだけのことである。一部の発展途上国では、下水の汚泥が家畜の飼料としてリサイクルされている。しかし、現在の汚水処理システムのデザインと処理法では、処理汚泥に有害な汚染物質が残ってしまう。したがって、これを利用した飼料はとても動物にとって安全とは言えない。

下水汚泥は肥料としても利用されている。これも栄養分を再利用しようとする良心的な試みではあるものの、現在の処理方法では有害なダイオキシン、重金属、内分泌撹乱物質、抗生物質などの物質を取り除き切れない。したがってこのような肥料は、少なくとも食物の栽培には適しているとは言えない。

一般家庭においても、仮にリサイクル紙製のトイレットペーパーを使えば、それに含まれているダイオキシンを下水として流してしまうことになる。また、家庭で堆肥を作るにしても、それに用いる材料が自然にとって安全な食物となるようにデザインされていなければ問題が生じる。たとえ紙やパッケージ等のいわゆる生分解性のゴミであっても、化学物質や有毒物質が含まれていると、それらが堆肥に混ざって環境に撒き散らされることになる。こうした物質はたとえ微量であっても、安全とは言い切れない。それならいっそ埋立地に閉じ込めてしまうほうが安全なのである。

❸リサイクル(recycle)

では、「リサイクル」はどうだろうか。すでに指摘したように、ほとんどのリサイクルは、実際にはダウンサイクルで、再利用を重ねれば品質が低下してしまう。清涼飲料や水などのペットボトルを除けば、ほとんどのプラスチックがリサイクルされるときには種類の違うプラスチックと混合されるので、質の低下した合成プラスチックになってしまう。こうしたリサイクル素材は公園のベンチや道路の減速緩衝帯のような硬度を必要としない安価なものに作り直される。

　金属もよくダウンサイクルされる。自動車に使われる高炭素鋼、高張力鋼などの上質なスチールは、他の自動車部品（ケーブルには銅が含まれている）やペンキ、プラスチックコーティングなどと一緒に溶かされてリサイクルされる。これらの混合物が、再生されたスチールの品質を下げてしまう。硬度を上げるために質の高いスチール素材を加えることもあるが、それでも新しい車に使えるような材料特性は失われてしまう。

　その一方で、スチールとして利用する時には不純物となる銅やマンガン、クロームなどは、本来は利用価値の高い貴金属類であり、ペンキやプラスチックなどもそれだけを取り出すことさえできれば再利用できるのである。残念ながら、現時点では、自動車として使われ、廃棄された金属からポリマーやペンキのコーティングを分離する技術はない。自動車本体は解体できるようにデザインされていたとしても、そこからスチールの品質を維持しつつ、リサイクルするクローズ・ループを確立することは、技術的に実現されていないのである。

1トンの銅を採掘生産しようとすると、何百トンもの廃棄物が生じる。しかし、合金スチールのなかには、採掘される銅鉱石よりもたくさんの銅を含んでいるものもある。そして、スチール自体は、銅が混入すると強度が弱くなる。もし、スチールを精製する際に、そこから銅だけ取り出して利用できるようになれば、どんなに有益であろうか。

アルミニウムも、貴重でありながら、常にダウンサイクルされている素材である。一般的なアルミ缶は、2種類のアルミニウムでできている。缶の胴体はアルミニウムおよびマグネシウムの入ったマンガン合金とペンキ、コーティング材で作られている。しかし、缶の上の硬い部分はアルミマンガン合金でできている。しかし、従来のリサイクル方法ではこれらの素材がすべて溶け混ざり、より弱く、利用価値の少ない再生アルミニウムとなってしまう。

ダウンサイクルは価値や材料の損失だけが問題ではなく、生物圏の汚染も促進してしまう。例えば、リサイクル用鋼材の中に混入したペンキやプラスチックには有害な化学物質が含まれている。こうした加工された鉄鋼を溶かして、建築用材などにリサイクルするための電気アーク炉が、今やダイオキシンの主要な発生源の一つとなっている。本来、環境を考慮した処理方法であるはずなのに、皮肉にも有害な副産物を生み出しているのである。さらに、ダウンサイクルされた素材は、もとの素材に比べて質が劣化するため、再度利用価値のある素材とするために、さらなる化学物質が加えられることが多い。

例えば、ある種のプラスチックは溶かされて他のプラスチックと混ざると、その強度や柔軟性を保つポリマー鎖が短くなってしまう。このようにプラスチック材料もリサイクルされると弾力性や透明度、抗張力などの特性が弱くなってしまう。そのために、材質を高めようと新たに化学薬品や鉱物を添加しなければならず、その結果、ダウンサイクルされたプラスチックには、最初に合成されたときよりも、さらに多くのさまざまな物質が含まれることになってしまうのである。

現在使われている紙も、初めからリサイクルを考えてデザインされていない。このため、白い再生紙として使用するためには、漂白などの化学加工やさまざまな処理が必要となる。その結果として生まれる紙は、パルプとさまざまな化学薬品の混合物で、場合によっては有毒なインクも含まれる。このような紙の繊維は短く、バージン紙に比べてきめが粗い。そのためより多くの紙の粒子が空気中に散り、それが吸い込まれれば鼻道や肺に悪影響を与える。そのためか再生紙が使用されている新聞紙にアレルギー反応を起こす人も出てきている。

ダウンサイクルされた材料から新しい製品を開発しようとする意図はよくても、必ずしも良いものができるとは限らない。例えば、プラスチックボトルをリサイクルして作られた服などを買ったり、着たりしている時、人は自分が環境にとって優しい選択をしていると感じる。しかし、プラスチックボトルから作られた繊維には、アンチモンや触媒残留物、紫外線安定剤、可塑剤、抗酸化物質などのさまざまな有害物質が含まれている。そもそもこのような再生繊維は、人の肌に触れることを想定して作られてはいない。

ダウンサイクルされた紙を断熱材に使うことも、最近では流行している。しかし、リサイクル紙を断熱材に適した性質にするためには、防菌剤などの化学薬品をさらに加える必要があり、新たな汚染物質による問題を生み出す結果となる。それでなくとも、断熱材に含まれているホルムアルデヒドなどの化学物質は空中に発散されて、屋内空気を汚染する可能性がある。

ここまで述べてきた事例ではすべて、まずリサイクルすることが重視されて、他のデザイン上の考慮は後回しになっている。しかし、単にリサイクルするだけでは、材料自体がリサイクルされることを前提にデザインされていなければ、環境にやさしいことになるとは限らない。結果として何が起きるかまでを理解せずに、盲目的に環境にやさしそうなアプローチをとることは、良い結果を得るどころか、かえって悪い結果をまねくことになりかねず、むしろ何もしないほうが良いということになってしまう。

ダウンサイクルにはもう一つ不都合なことがある。それは企業にとって、費用がかかるということだ。その理由の一つは、材料の持つ寿命を無理やり延ばそうとすることにある。そのために複雑でやっかいな方法で材料に手を加えなければならず、そのためにさらにエネルギーや資源を消費することになってしまう。

ヨーロッパの法律では、アルミやポリプロピレンでできたパッケージ類は、リサイクルすることが義務づけられている。しかし、これまでメーカーはこうした素材で作ったパッケージを回収し、再生利用するなどということは考えてこなかった。このため、新しい法律に従うことは、余分な作業とそのための経費がかかることになってしまう。しかも、古いタイプのパッケージはダウンサイクルされても低品質な製品にしかならず、やがては焼却炉か埋立地に運ばれる。この事例でも他の場合と同じように、環境保護という課題が企業にとって報われる選択ではなく、負担にしかなっていない。

❹ 規制(regulate)

都市計画専門家で経済思想家のジェイン・ジェイコブズは、その著書『市場の倫理　統治の倫理』の中で、文明には、二つの基本的な様式が存在するとしている。[*37] それは「統治者」と「市場」である。統治者とは政府に代表されるようなもので、その主な使命は国民の維持と保護である。統治者の行動様式はゆっくりしているが、責任は重い。人を殺す権利も保有しているが、それは戦争を起こすこともできるということである。政府は国民の利益を代理し、市場との癒着をなるべく避けようとする。このため、政府は自らの内部で起こる、既得権益者からの政治献金をめぐっての葛藤なども監視しなければならない。

一方、市場では日々、価値の交換が即時的に行われる。その主な道具は至急性があることから通貨（currency）と名付けられている。市場は素早く、創造と工夫に優れ、常に短期的・長期的な利益を追求する。また本質的に正直でもある。なぜなら信用できない人とは取引できないからだ。これら二つの様式が混ざり合うと、問題だらけの「怪物のようなもの」になってしまうとジェイコブスは言う。市場の道具である金銭は、統治者を腐敗させ、統治者の道具である規制は、商業を鈍らせるからだ。

例を挙げてみよう。規制のもとで、製造業者がより良い製品を供給しようとすれば、余計にコストをかけることになる。しかし、販売業者は製品をより早く、安く求めようとし、余分なコストがかかることを歓迎しない。つまるところ、販売業者は自分たちの求めるような製品を探し、規制の厳しくない国外のどこかにそれを求めるようになる。かくして残念なことに、規制されていない危険な輸入商品の方が、競争力を持つことになる。

自国の産業の保護も必要だと考える規制者たちにとって、もっとも実行しやすい解決策は、なるべく広範囲に当てはめられる規制を行うことだ。そのような解決策の一つが、いわゆるエンド・オブ・パイプソリューションである。この方式では、システムや工程の末端における廃棄物や排水などに規制をかける。あるいは、排出物を許容基準値内に抑えるために、希釈したり蒸留させる。ところが、こうした処理過程や、そのために使われる材料から放散されるガスによって、こうした作業が行われている室内の空気環境を悪化させ

ジェイン・ジェイコブズ
Jane Butzner Jacobs(1916～2006)。アメリカの作家・ジャーナリスト。高速道路建設など近郊都市開発の反対運動家。主な著作に『アメリカ大都市の死と生』『都市の経済学』などがある。　© www. urban photo. net

てしまう。そうなれば今度は、工場内の換気を良くしたり、新鮮な空気をもっと取り入れるために、さらなる規制が課せられることになる。

しかし、この希釈すればいいというような公害「対策」は時代遅れなもので、効果的なものではない。そもそも汚染が起こった原因には焦点を当てていないからだ。こうした対策では屋内での使用に適さない、「デザインの悪い」システムや材料など、本質的な欠陥は残されたままになってしまう。

ジェイコブスは、これ以外にも「ハイブリッドの化け物」には問題があると指摘している。規制する側は、罰則を楯にして企業に従うことを強制するが、企業が進んで何か新しい解決策を実行したときに「報酬」を与えることはほとんどない。また、先に述べたように、規制の多くはデザインそのものを改善することよりも、すべてに適用可能な、エンド・オブ・パイプソリューション的な改善を要求するが、これでは独創的な解決策を生み出そうという努力は喚起されない。

また規制は、環境保護主義者と企業を互いに対立させるように仕向けてしまう。規制というものは企業にとって懲罰のように受け止められたり、コストのかさむ面倒なものと見られがちである。企業にとって環境保護目標というものも、お上に強要される形が典型で、そのために自分たちにとっての目標や戦略とは無関係なものと考えがちになり、環境対策に率先して取り組むことは不経済だとみなすようになってしまう。

公共の利益のために誠意をもって法律を制定し施行する人々を、我々は非難するつもりはない。デザインが知性に欠け、破壊的である世の中においては、規制によって直接的な害を減らすことは可能だ。しかし、規制が必要であるということは、そもそも規制の対象となるもののデザインが失敗しているという警告なのである。我々はよく、規制を「加害のライセンス」と呼んでいる。それは政府が企業に与える、「許容できる」速度・割合で病気や破壊と死をもたらしてもよいという許可証である。しかし、これから説明していくように、優れたデザインであれば、規制などまったく必要ないのである。

エコ効率は、表面的には称賛されるべき、崇高ともいって良い考え方である。しかし、長期的に良い結果をもたらすような戦略ではない。なぜなら問題の根本まで思慮が届くようなものではないからだ。エコ効率化は、すでに問題を起こしてしまったシステムの内において実践される。しかしそれは道徳的な抑制や罰則によって問題の進行を遅らせるだけであって、改善の錯覚を起こすにすぎない。

エコ効率に頼っていては、環境が救われるどころか、その反対の結果が起きてしまう。エコ効率は、企業にすべてを静かに、着実に、そして完全に破壊させてゆくのである。

第1章では、産業革命当時のデザインに求められていた課題について考えてみた。同様にエコ効率に基づいた、産業のデザイン課題をまとめてみると、以下のようになるだろう。

《次のような産業システムをデザインせよ》

- 毎年、より少ない量の有害廃棄物を大気中、土中、水中に放出する。
- 活動の少なさで繁栄を測定する。
- 何千もの複雑な規制を駆使して、人間や生態系が急速に汚染されることを抑制する。
- 将来の世代が、常に警戒し、怖えなければならない危険な物質を少なく生産する。
- 使い道のない廃棄物を少なくする。
- 貴重な素材が回収不可能な場所に埋められる量をより少なくする。

つまるところ、エコ効率は、古いシステムの破壊性を少々緩和するに過ぎないといえる。しかも、場合によっては、エコ効率のもたらす影響は捉えにくく、長期に及ぶために、より致命的にもなり得る。生態系にとって、エコ効率によってゆっくりと、計画的かつ効率的に破壊し尽くされるよりも、急激的な破壊であっても、傷ついていない部分がわずかでも残った場合のほうが、まだ健康を取り戻し、元どおりに回復するチャンスがあるのかもしれない。

＊37 Jacobs, J. Systems of Survival: A Dialogue on the Moral Foundations of Commerce and Politics. Vintage Books. (1992) 邦訳『市場の倫理　統治の倫理』ジェイン・ジェイコブズ著、香西泰訳、日本経済新聞社、２００３年。

「エコ効率」の原則

何に対して効率的か

これまで述べてきたように、エコ効率という言葉が生まれる以前から、一般に、企業にとって効率は美徳であると考えられてきた。ここで我々は、破壊性のあるシステムが効率化を進めた先に何が待っているのかについて考えてみたい。

例えば、エネルギー効率の良い建物を例に取ってみよう。20年前のドイツでは、平均的な住宅の冷暖房に使用される石油の量は、年間1平方メートル当たり30リットルだった。今日、エネルギー効率の高い住宅では、その数値は1平方メートル当たり1・5リットルにまで減っている。これは、プラスチックのコーティングを施して外気の侵入を防ぐなどの効果的な断熱法や、小さく、隙間風の入らない窓などを用いることによって実現された。こうした策の基本となる考え方は、システムの効率化と無駄なエネルギー消費を減らすことである。

しかし、こうした家の持ち主は、エコ効率を考えて空気交換率を減らしているが、それは一方で粗雑・粗悪にデザインされた建築材やさまざまな家庭製品による、室内空気の汚染濃度を上げていることになるのだ。もし、「未熟」な製品や建材が原因で室内空気質が悪くなっているのなら、換気を減らすのではなく、新鮮な外気を取り入れなければならない。

効率の良すぎる建物は危険な場合もある。数十年前に、トルコ政府は安価な住宅を建てるために、必要最低限の鋼鉄とコンクリートを使用して、「効率良く」家屋やアパートを建てた。しかし、1999年の地震でこれらの家は簡単に崩壊し、古くて「効率の悪い」家は持ち堪えたのである。短期的には費用を節約できたが、長期的には経済的な効率対策が危険なものとなってしまったのだ。安いという点では効率的でも、伝統的な家屋よりも危険な住宅が、いかなる社会的な利益を持つと言えるだろうか。

効率的な農業は、地域の植生や環境に致命的な打撃を与える。かつての東ドイツと西ドイツの比較が顕著な例だろう。伝統的な東ドイツの農業では、1エーカー当たりの小麦の平均生産高は、より近代的で効率の良い農業を営む西ドイツに比べると、その半分程度しかなかった。しかし、この東側の「効率の悪い」旧式の農業方法のほうが、健全な環境を保つという点では、西ドイツの近代的農業より優れていたのである。

システムが生み出す価値によって決まる

かつての東ドイツは、単一栽培のために湿地が干拓されるということがそれほどなく、そこには希少な動植物が数多く生息していた。例えば、東ドイツでは巣をかけたシュバシコウのつがいが約3000組いたのに対して、西ドイツには240組ほどしかいなかった。野生の沼地や湿地帯は、動物の繁殖、自然の栄養循環、水の吸収や浄化にとって不可欠な場所である。東西統合後の今日、ドイツ中の農業がより効率的になったため、このような湿地帯など野生生物の生息地が破壊され、生物の絶滅率の上昇を招いている。

エコ効率の良い工場はメーカーの手本のように思われがちだが、実際には、公害を目立たない方法で広めている場合が多い。効率の悪い工場は、高い煙突によって煙をはるか遠くまで飛ばすのではなく（実は効率の良い工場は高空で遠方に煤煙を排出しているのだ）、地元の狭い範囲に害を与える。こうした地域被害は目につきやすく、気づかれやすい。そして自分たちが直面している状況を理解すれば、人々はそれにおびえ、何とかしなければならないと立ち上がるようになる。他方、効率良い破壊は認識するのが難しく、ゆえに阻止することも難しくなる。

哲学的な観点から言えば、効率そのものに価値はない。[*38] 効率自体は、より大きなシステムの一部に過ぎず、効率の是非は、システムが生み出す価値によって決まる。例えば、効率の良いナチズムは恐ろしいものである。システムそのものの目的がいかがわしいものである時、効率性はより狡猾に破壊を行うようになる。

しかし、もっとも重要な点は、効率的なことはあまり面白味がないということだ。効率に支配された世界では、進歩は細分化された狭い範囲の中で、実用的な目的を果たすだけのものになる。美しさや創造性、夢、喜び、ひらめき、叙情性などはそっちのけにされ、世界はまったく味気ないものになる。

「レス・バッド」(less bad)では間に合わない

完全に効率的な世界というものを想像してみよう。イタリア料理は赤い錠剤一つと、人工的に香りをつけた水に過ぎなくなる。モーツァルトは鍵盤のキーが一つしかないピアノで作曲をし、ゴッホは1色のみで絵を描くのだ。ホイットマンの『ぼく自身の歌』という長い詩も、たった1ページのものになってしまうだろう。また、効率的なセックスとはいったいどんなものだろうか。効率的な世界とは我々が想い願うような楽しい世界ではない。それは我々をめぐる自然とは対照的に、非常にケチケチとしたものなのだ。

私は効率を「すべて」非難するわけではない。経済性だけでなく、さまざまな問題を包括的に改善しようとする、より大きく効果的なシステムの手段としてであれば、効率性は非常に価値のあるものになる。また、現在のシステムの速度を落とし、方向転換させるための移行手段としても、大切なものである。しかし、現代産業がかくも破壊的で、なるべく悪くならないようにしようという態度をとる限り、現代産業のできることには宿命的な限界がある。

現代産業による「レス・バッド（さほど悪くない）」な環境対策へのアプローチは、環境問題に関する重要なメッセージを発し、それを一般の人に注目してもらい、環境問題に関する研究を促すという点では重要な役割を果たしてきた。その一方で、このアプローチはより有益とはいえないような決定を促してきた。つまり、従来型の環境対策アプローチは、変革の啓発的でわくわくするような展望を提供する代わりに、「してはいけない」ことに焦点を当ててきたのである。このような禁則は集団で犯した罪を贖罪しようとする、西洋文化ではおなじみの「偽薬」といってよい。

ごく初期の人間社会では、自然という複雑で、自分たちではコントロールできない大きなシステムに対して、懺悔や贖罪、生けにえといった手段がよくとられた。世界各地の文化において、悪天候や飢饉、病気は神を怒らせたために起こると信じられ、神々をなだめるために生けにえが捧げられた。今日でも、神の祝福を得て安定と調和を取り戻すために、神々（あるいは神）に、捧げ物をする文化がある。

環境破壊は奥の深い原因に由来する、広範囲にわたる複雑なシステムである。このために環境破壊は、それに気が付き、理解することが難しい。それゆえ、我々も祖先たちと同じように、恐怖や罪悪感から本能的に「みそぎ」の方法を考えようとするのだろう。「エコ効率」運動はそのような手段を豊富に提供してくれる。すなわち、生産・消費を減らすこと、最小限にとどめること、避けること、減少させること、犠牲にすること、などだ。

この地球という惑星が耐え得る限界を超えた負担をかける生き物は、人間だけである。ゆえに、エコ効率を突き進めれば、我々は、自らの存在、システム、活動、人口でさえ、目に見えなくなるほどにまで縮小しなければならなくなる。人口増加が諸悪の根源だと考える人々は、人類が子孫を増やすことを、ほぼ凍結すべきだとさえ考えているのだ。つまり、目標はゼロなのだ。すなわち、廃棄物と排気ガスなど人類による「生態学的足跡」をゼロにすることである。

確かに、人間を「悪」と見なすかぎりは、ゼロはよい目標である。しかし、レス・バッドであろうとすることは、ものごとをあるがままに容認することでもある。そしてそれは、人間が「最善」を尽くしても、お粗末なデザインで、恥ずかしくなるような破壊的なシステムしか実現できないのだと思い込んでしまうことである。これは想像力の欠如でしかなく、それが「レス・バッド」なアプローチの究極の欠陥である。筆者たちの見地からすれば、これは人類の地球における役割についての、ただただ気の滅入るだけのヴィジョンでしかない。

それならば、まったく違うモデルを考えてみてはどうか。１００パーセント「良い」というのは、どのようなことなのだろう。

＊38 Hillman, J. Kinds of Power: A Guide to Its Intelligent Uses. Doubleday, (1995) pp.33-44

◇**ウィリアム・ワーズワース**…William Wordsworth(1770～1850)。イギリスの詩人。

◇**ウィリアム・ブレイク**…William Blake(1757～1827)。イギリスの画家、詩人、銅版画職人。

◇**ジョージ・パーキンス・マーシュ**…George Perkins Marsh (1801～1882)。アメリカの外交官、言語学者。アメリカにおける最初の環境保護主義者といわれる。環境問題を論じた著作に『人間と自然 Man and Nature』(1864) がある。

◇**ヘンリー・デビッド・ソロー**…Henry David Thoreau(1817～1862)。アメリカの作家・思想家・詩人・博物学者。アメリカにおける環境保護運動の先駆者といわれる。『ウォールデン―森の生活』『メインの森』などの著作がある。奴隷制度とメキシコ戦争に抗議するため、「市民的不服従」として税金の支払いを拒否し投獄されたことがある。

◇**ジョン・ミューア**…John Muir (1838～1914)。アメリカを代表するナチュラリスト。文筆家、発明家、植物学者、探検家としても活躍。ヨセミテ国立公園制定に大きく貢献する。シエラ・クラブの創立者。著書に『私たちの国立公園　Our National Parks』『はじめてのシエラの夏 My first summer in the Sierra』『1000マイルウォーク　緑へ　A thousand-mile walk to the gulf』などがある。

◇**アルド・レオポルド**…Aldo Leopold (1887～1948)。アメリカの森林官、野生生物生態学者、環境倫理学者。土地倫理の提唱者。ウィルダネス・ソサエティー創設者の一人。アメリカ生態学協会会長、国連自然保護委員を歴任。環境倫理学の父と呼ばれる。『野生のうたが聞こえる A sand county almanac : and sketches here and there』の著書がある。

◇**シエラ・クラブ**…Sierra Club。1892年ジョン・ミューアにより設立された自然保護団体。ハイキングなどのアウトドア活動を行うと同時に、国立公園の設立や保護、野生動物保護運動を展開、行政にも大きな影響を与えている。http://www.sierraclub.org/

◇**ウィルダネス・ソサエティー**…The Wilderness Society　アルド・レオポルドらによって1935年に設立された環境保護団体。http://wilderness.org/

◇**アメリカ「環境防衛基金」**…Environmental Defense Fund http://www.edf.org/home.cfm

◇**自然資源保護協議会**…Natural Resources Defense Council http://www.nrdc.org/

◇**ドイツ環境自然保護連盟**…BUND(Bund fuer Umweld & Naturschutz Deutschland)http://www.bund.net/

◇**世界自然保護基金**…World Wildlife Federation http://www.worldwildlife.org/

◇**ローマ・クラブ**(Club of Rome)…オリベッティ社の副社長で石油王としても知られるアウレリオ・ペッチェイとスコットランド出身の化学者アレキサンダー・キング博士の呼びかけで設立された、資源・人口問題・軍備拡張・世界経済・環境破壊などの全地球的な問題対処するための民間シンクタンクで、世界各国の科学者・経済人・教育者・各種分野の学識経験者などからなる。１９６８年に最初の会合がローマで開かれたことからこの名称になった。

◇『**成長の限界**』…Meadows, D.H. et al. The limits to growth : a report for the Club of Rome's project on the predicament of mankind. Universe Books. (1972)　『成長の限界― ローマ・クラブ「人類の危機」レポート』ドネラ・H・メドウズほか著、大来佐武郎監訳、ダイヤモンド社、１９７２年。なお、本書の第三版が２００４年に出版されている。(Meadows, D.H. et al. Limits to growth : the 30-year update. Chelsea Green Publishing Company. (2004))

◇**フリッツ・シューマッハー**…Ernst Friedrich Schumacher (1911 ～ 1977)。ドイツ生まれの経済思想家。戦後イギリスに帰化。物質至上主義の経済を批判し、地域主義、知足の精神、持続可能性などを重視。

◇**モンサント社**…アメリカのミズーリ州セントルイスに本社を持つ多国籍化学メーカー。農薬や遺伝子組み換え作物の種子の開発・販売で有名。

◇**ダウ・ケミカル**……アメリカ合衆国ミシガン州に本拠を置く世界最大級の化学メーカー。

◇**コナグラ**……北米最大の食品メーカー。

◇**ジョンソン&ジョンソン**……医薬・医療機器・衛生用品メーカー。アメリカのニュージャージー州に本社を置く多国籍企業。

◇**3M社**(スリー・エム)……アメリカ合衆国ミネソタ州に本拠地を置く世界的な化学・電気素材メーカー。

◇**シーア・コルボーン**……Theo Colborn(1927〜)。アメリカの動物学者。WWF(世界野生生物基金)の科学顧問。

◇**ダイアン・ダマノスキ**……(1944〜)。アメリカの科学・環境ジャーナリスト。マサチューセッツ工科大学で科学ジャーナリズムを専攻し、ボストン・グローブ紙入社。1992年の地球サミットを取材。現在は大学で教鞭をとりながらフリージャーナリストとして活動。

第3章
コントロールを超えて

C2C Cradle to Cradle

ブルガリアのソフィア世界史博物館に所蔵されている、現存する世界最古の製本。約 2500 年前のもので、ヨーロパ史でも最も謎が多いエトルリア人のもの。6 枚のページと 24 金からなり、馬に乗る男の姿、人魚、ハープ、戦士の姿が描かれている。

未来の本をデザインする

いわゆる紙でできた本

3種類のタイプの本について話をしよう。

1番目は、誰にもなじみの深いタイプの本である。大きさは5インチ×8インチ（13センチ×20センチ）のものが多い。コンパクトで持ちやすく、クリーム色のページに黒いインクでくっきりと印刷してある。表紙には厚い紙が使われ、美しい色のカバーが巻かれている。注意深くデザインされたその形状は、持ち運びがしやすく、丈夫で何百年もほとんど変わっていない。多くの人が図書館から借り出して利用している。

読み方は、寝床で読んだり、電車や浜辺で読んだりとさまざまだ。しかし、見た目が良く、機能的で丈夫であっても、本はいつまでもその形状を保つことはできない。特にプールサイドや浜辺などで読む場合には、その本が駄目になる可能性を覚悟する必要がある。さて、捨てられた本はどうなるのだろうか――。紙は木から作られるのだから、本を読むときにはすでに、自然の多様性や土壌を犠牲にしてしまっている。紙は本来、分解され土に戻るものではあるが、くっきりした文字や人目を引く図柄のカバーを印刷するために使われるインクには、ブラックカーボンや重金属が含まれている。

本のカバーと言えば、これはただの紙ではない。木材パルプ、ポリマー、コーティング材、インク、重金属、ハロゲン化炭化水素など、さまざまな材料の混合物である。したがって、そのままでは安全に堆肥にすることはできず、かといって燃やせばダイオキシンが生じる。このダイオキシンは、人間の生み出した物質の中で、もっとも発ガン性の高い、危険な物質の一つである。

地球にやさしい本

2番目のタイプの本は、最近ポピュラーになってきているもので、形や体裁は従来の本と同じだが、紙の色はベージュで、材質は薄くてキメが粗い。カバーもかけられていない。表紙は本文と同じように、単色で印刷されている。少々地味ではあるが、つつましく「地球にやさしい」印象を与え、環境に配慮した方法で作られていることがすぐ分かるようになっている。事実、このタイプの本はエコ効率が良くなるように考えて作られている。ベージュ色なのは再生紙を使用しているためであり、インクは大豆から作られている。

こうした本のデザイナーは、素材のすべてに節約の努力を払っている。カバーを省き、表面加工されていない薄い紙を使用する。しかし、残念ながら、紙が薄いために、文字がページの裏側まで透けてしまい、ページとインクの色のコントラストも少ないので、読んでいると目が疲れやすい。本の綴じ方も弱いので、しっかりページを開いて読むことができない。このように2番目のタイプの本は、その本を読む人たちにとって優しい作り方がされていない。良い点といえば、環境にやさしいということだ。

しかし、本当にそうだろうか——。本のデザイナーたちは、どのような紙を使えばよいのか、長い間苦労して色々なアイデアを考えてきたのだが、そのどれにも欠点があることが分かっている。最初は、紙の漂白に「塩素」を使わなければよいのではないかと考えた。漂白に塩素を使うとダイオキシンなどが発生し、生態系や人間の健康に深刻な問題をもたらすからだ。しかし、すぐに彼らは、完全に塩素を含まない紙にしようとするならバージンパルプを使うしかないことに気がつく。なぜなら、再生紙には漂白された紙が混ざってしまっているからだ。それどころか、塩化物は木の中に自然に含まれているものなので、木材パルプを使えばどんな紙でも少量は塩素が含まれてしまうのだ。

デザイナーたちは川を汚すか、森を荒らすか、いずれかは避けることができないと途方に暮れてしまった。結局、デザイナーたちにとっての次善策は、もっとも古紙の含有率が高い紙を使い、自然に与える害をできるだけ抑えることだった。

問題はほかにもある。まず、大豆を使ったインクは別のジレンマをもたらした。大豆インクはハロゲン化炭化水素などの有毒物質を含んでいる場合がある。そして困ったことに、こうした水性インクのほうが生態系にやさしいため、従来の石油系溶剤を使ったインクよりも、生物の体内に吸収されやすいのである。

耐久性を良くするために、表紙にはコーティングをする必要があり、そのために表紙はほかのページのようにリサイクルできなくなる。そして、表紙以外のページにはすでに古紙が高い割合で含まれているため、紙の繊維はこれ以上再利用できないくらい劣化している。かくして、レス・バッドな方法では、実用性、審美性、環境面のどれにおいても説得力に欠けるものができ上がってしまう。

そこで、本というコンセプトを完全に新しく考え直してみようではないか。本を作るうえで起きる現実的な問題や、本を読む上での実用性の問題を解決することも重要だが、それだけではなく、作る喜びや読む楽しみをもたらすような本を作れないものだろうか。それはいったいどのような本だろうか——。

未来の本

ここで3つめの本、「未来の本」が登場する。それは電子本だろうか。可能性はあるが、これはまだ開発の初期段階にある。あるいはまだ誰も想像していないような形の本が現われるかもしれない。しかし多くの人は、従来の本が便利で魅力的だと思っている。それならば、形はそのままに、自然界を考慮して素材だけを変えてみてはどうだろう。

人間と環境の双方に恩恵を与えるにはどうすればよいのだろうか。まず、紙そのものが

Promwad 社の eBook

SONY 社の国外向け eBook reader

eBook のようなデジタル化された本が未来の主流となる可能性は強い。何万冊もの本を手の平の中に納めて持ち歩くことができるようになるかもしれない。もちろんペーパーレスである。活字の大きさも自由に変えられ、しかもページごとに様々な音や音楽、匂い、動画も同時に楽しめるようにもなるだろう。eBook の可能性ははかり知れない。（編集部注）

読書にふさわしい材料であるかどうかを検討することから始めよう。それはエコ・ライターのマーガレット・アトウッド◇の言うような、魚の皮に熊の血で歴史の本を作ることになるのだろうか――。

木を使わずに済むような本を想像してみよう――。紙ですらない、まったく違った素材から開発された本、それは「プラスチック」でできた本である。プラスチック・ポリマーは、最初からリサイクルされることを考えて開発された素材で、その材質を落とさずに無限に回収・再利用ができるようにデザインされている。したがって、紙のために木を切る必要はなく、川や海に塩素が流れ込むこともない。インクに毒性はなく、とても簡単で安全な化学処理か、高温の熱湯で洗い流すことができ、どちらの方法でも後でインクを回収し、再利用できる。表紙は少し厚めに加工したポリマーを使用し、接着剤にも相溶性のある原料を使う――。こうすれば、不要になった本は、出版業界がそのまま回収し、簡単なワンステップのリサイクル工程で再利用できるようになる。

このような本であれば、持ち運びなどの利便性や、手にとって読む楽しみが損なわれることもない。ページは白くなめらかで、再生紙のように年数が経っても黄ばんだりしない。インクがこすれて、本を読むと手が汚れるようなこともない。リサイクルされることを想定して作られてはいるが、この本はとても丈夫なので、変形も変質もせずに何世代にもわたって愛読し続けることができる。水に濡れても平気なので、浜辺や風呂場でも読める。あなたもこの本なら買ってみよう、好きな場所で読んでみようと思うはずだ。

この本を選ぶのは、資源保護の推進者としての証を手に入れるためではない。その手触りが心地よいからだ。この本を買う時に、犠牲となった自然に対して罪悪感を覚えることはない。そして、その材質のすばらしさと、それが持つ意味を称賛することになるのだ。この本は何度も何度も光輝く新車のように生まれ変わり、あなたにこれまで見たこともない写真や新しい考えを届けてくれる。形態とはただ単に機能が反映されたものではない。この新しい本は、活字の精神を途絶えさせまいとする印刷媒体そのものの進化の帰結なのだ。

この第三世代の本のデザインが考案されるに至った物語は、まず分子のレベルから始める必要がある。これは過去の損失や絶望についての物語ではない。これは豊さと再生、人間のクリエイティヴィティー（創造性）と可能性を称える物語である。今、あなたが手にして読んでいるこの本自体は、まだまだ第三世代の本とは言えない。しかし、それに向かっての第一歩であり、これから語る物語が具体化され始めている証といえる。

本の素材をデザインしたのは我々ではない。我々は何年もの間、紙に替わる素材としてポリマーを分析・テストしていた。我々のこうした努力は、仲間の一人、デザイナーのジャニン・ジェームズが、たまたまメルチャー・メディア社のチャーリー・メルチャーに自分たちの話をしたことによって報われる。当時、メルチャー社は洗剤容器のラベルとして、ポリマー混合物を応用したシールの開発に取り組んでいた。これならばラベルをはがさずに、空容器と一緒にリサイクルすることが可能になるからだ。

彼らは自分たちの都合から、よくある「ハイブリッドの怪物」ではない、紙に替わる素材を探していた訳である。実は、チャーリーは風呂や浜辺でも読める本がほしかった。そして彼は新開発された素材が、彼の求めていた防水性だけでなく、それをはるかに超えた特性を備えていることに気づいていたので、我々に「新素材にどのようなエコ効果があるか調べてみないか」と熱心に勧めてくれた。

化学者のマイケルがテストをした結果、この素材によって生じる有害物質の放出は、紙と同程度であることがわかった。しかも、リサイクルが可能であるというだけでなく、それがアップサイクルとなる可能性がある。つまり、溶かせば高品質のポリマーとして再利用が可能であることが、明らかになったのである。

素材を活用し続けることを考慮しつつ、製品の使用期限、便利さ、美しさをデザインしようとするならば、本当に、これまでになかったような考え方をしていかなければならない。それは「生産→廃棄」という古いモデルと、その気難しい申し子である「効率性」という考え方から離れ、欲求と思慮が豊かにミックスされた「効果的な」製品作りに挑戦することである。

未来の建物をデザインする

自然の力を活かす

桜の木を思い浮かべてみよう。満開の花はやがて鳥や人、動物たちにとって果実となる。地に落ちた種はやがて根を張り、一本の木となる。地面に散った桜の花びらを見て、「なんて効率が悪くて無駄なことだろう！」とケチをつける人はいないはずだ。

樹木は大量の花や実をつけるが、それが環境を枯渇させることはない。花や実は地面に落ちると腐敗して分解され、微生物や虫、植物、動物、土壌の栄養となる。樹木は生態系の中でそれ自身がより繁栄するために必要とするより、はるかに多くの「製品」を作っているのだ。このような生産性は、樹木が進化のなかでよりよく適応していく結果として生まれた。言い換えれば、何百万年もかけての試行錯誤、ビジネス用語で言えばR&D（研究・開発）を繰り返してきた成果である。樹木の生産性は、自らだけでなく、周囲の生産性をも高めているのだ。

もし、桜の木のように人間の世界をデザインするとしたら、どんな世界になるのだろう――。例えば、建物である。人間が考えるエコ効率の良い建物というのは、大きなエネルギー節約機のようなものだ。このコンセプトに沿って、オフィスビルをデザインすると、次のようなものになる。

まず、オフィスの窓は、外気が侵入しないようにしっかりふさがれている（このため窓は開けることができない）。さらに着色ガラスを使って太陽光線を遮ることによって、エアコンの使用量を少なくし、化石燃料の使用量を節減する。このようにして電力消費を抑えれば、発電所による汚染の害も減らすことができ、電力の利用者も電気代の支払いを少なくすることができる。このような努力に対して、地域の公共事業団体はこうした建物の中から、その地域でもっとも消費エネルギーを節約している建築物に「環境デザイン賞」などを贈る。そして、すべての建物がこのように設計・施工されれば、企業は環境に良いことをしながら、同時に費用も節約できるのだと主張する。

一方、桜の木ならば、同じオフィスビルを次のようにデザインするであろう。窓は大きく、着色されておらず、外の景色を見渡し楽しむことができる。しかも、そんな窓が四方の壁だけでなく、天井にもついている。おかげでオフィスのどこに座っていても外を眺めることができ、日中はオフィス内に日光が燦々《さんさん》と降り注ぐ。日差しあふれる中庭のカフェには、安くておいしい食べ物や飲み物が用意されている。オフィスでは一人一人が好みに合わせて、自分のスペースに流れる新鮮な空気や温度を調整できる。窓も開けることができる。

建物全体の冷房システムは自然の空気の循環をフルに活用するようにデザインされている。このようなデザインは、中米によく見られる「ハシエンダ」という大農園の家屋のようなものだ。夜には、涼しい外気を入れて気温を下げ、同時に室内にこもった空気を入れ替えて、有害物質を外に出すようにする。ビルの屋上をその土地固有の植物で覆い、さえずる鳥を呼び寄せ、雨水を吸収させ、さらには外壁を熱や紫外線による劣化から守る。

桜の木のデザインする建物は、我々がデザインする建物と同じくらいエネルギー効率が良い。しかし桜の木は、決してエコ効率を優先して建物をデザインしているのではない。桜の木はそこで働く人々の生活を充実したものにするために、太陽、光、空気、食べ物と、自然の喜び、文化的な楽しみまで幅広く満たすような、複雑なデザインをする。

エネルギー効率性は、そのデザインが副次的にもたらす効果にすぎない。もちろん、実

ハシエンダ　© www.designpov.com

際に建設するとなると、桜の木のデザインのほうが、建設コストは多少余計にかかる。例えば、開く窓は開かない窓より高価である。しかし、夜間の冷却効果のおかげで昼間の冷房費が節約できるし、光が豊富に入れば蛍光灯の必要が減少する。そして、新鮮な空気は室内空間をより快適にしてくれるのだ。

こうしたオフィスの快適さは、そこで働きたいという職場の魅力となる。この魅力は、そのオフィスを持つ企業にとって、重要な経済的メリットとなる。どの企業のＣＦＯ（最高財務責任者）にとっても、有能な人材を確保することは重要な責務であり、そのために求人や雇用にコストをかける。それは平均的な建物の維持費に比べると数百倍にもなる。この点で、快適で魅力的な職場を持つことは、有能な人材を惹きつけるのにとても有利に働いてくれるのだ。

このように、どの要素をとっても、桜の木のデザインする建物には、その建物の顧客とデザイナーの、生活を主体としたコミュニティーとそれをとりまく環境についてのヴィジョンが表現されている。建築デザイナーのビルとそのチームは、このような建築の素晴らしさを実際にデザインして見せてくれた。

「バイオフィリア」の視点

そこで我々は、オフィス家具を製造するハーマン・ミラー社の工場の設計に、こうした感性を取り入れることにした。例えば、産業革命時代の工場のように、労働者が週末まで陽の光を見ることがないようなものではなく、働く人々がいつも屋外で仕事をしているような気分になれる設計にしたいと思った。結果的に、我々がハーマン・ミラー社のためにデザインした社屋建設にかかった費用は、標準的なプレハブ建築で作った場合に比べ、ほんの10パーセント余計にかかっただけだった。

我々は自然の地形を活かし、工場完成後、以前そこに棲んでいた動物たちが戻って来られるようなデザインを心がけた。工場内の中央には植木を並べていき、あたかも明るい日差しの差し込む「通り」に見えるように意匠を凝らした。作業場の屋根のあちこちに天窓が設けられた。また、従業員がどこにいても中央「通

ハーマンミラー社の外観　© 2007 Herman Miller Inc.

（右）ハーマン・ミラー社内観　Herman Miller SQA
© Arch News Now. com

り」と屋外の両方が見えるように工夫した。こうすることで、働きながら一日の変化や季節感を感じられるようにしたのである。

工場から出る汚水や雨水については、まず、いくつかの湿地に流れ込むようにし、そこで浄化されたのちに川に流されるようにした。なぜなら、工場周辺の川は、近隣の雨水の吸収が悪い建物や駐車場、アスファルトの地面などのせいで、強い雨が降ると氾濫することが多いため、川への負担を少しでも軽減したかったからである。

このハーマン・ミラー社の新しい工場では、ほかの同種の工場に比べて、劇的に生産性が向上した。なぜ生産性が向上したのかについて分析したところ、その要因の一つはバイオフィリアにあることが分かった。

「バイオフィリア」(biophilia) とは、人が生得的に持っている生きとし生けるものへの愛着心であり、自然の中にいることを好むという性質である。バイオフィリアによる効果は、この工場の従業員の勤続率が非常に良いことでも分かる。より高い賃金を求めて競合する工場に転職していった人でも、数週間で戻ってくることが多かった。彼らに理由を聞くと、「うす暗いところで働くことに耐えられなくなったから」という答えが返ってきた。彼らは社会人になったばかりの若者で、それまで「一般的な」工場で働いたことがなかったのである。

「エコ効率」は手段の一つ

ここまで紹介してきたような建物は、エコ効果デザインの手始めにすぎない。我々が主張するエコ効果の原理は、この限られたページですべてを例示することはできない。しかし、蛍光灯の照明と灰色のパーティションで仕切られた、息が詰まるような職場と、明るい日差しや新鮮な空気に溢れ、自然の風景を楽しみながら、気持ち良く働き、食事し、会話ができる職場の違いを思い描いてみれば、エコ効率とエコ効果の違いとはどのようなものか察してもらえるはずだ。

ピーター・F・ドラッカー◇は、現場マネージャーの責任は「仕事がきちんと行われる」ようにすることであり、企業幹部の責任は「事業が正しく行われる」ようにすることであると言っている。[*39] ところが、エコ効率がもっとも厳しく要求されるような業界でさえ、エコ効果という点については、初歩的な実践や方法論の検討にさえ取り組んでいない。このため靴、建物、工場、自動車やシャンプーなどといった製品に使われる素材や、製品の製造プロセスがより「効率的」になっても、デザインの本質的な部分において、環境や人にとって害をなすものになってしまいがちである。

我々の言うエコ効果とは、問題点を少なくしていくことではなく、正しくものごとに取り組むことによって、製品、サービス、システムすべての局面を良くしていくことである。そのうえで「正しく」ものごとを行うための手段の一つとして、エコ効率の助けを借りることは、道理に良くかなったことになるのだ。

もし自然が、人間の考えるような効率化のモデルに従ってデザインを始めたら、桜の花の数は減り、果実として自然に還元される栄養分も減ってしまうだろう。樹木の数も、酸素やきれいな水の量も、さえずる鳥の数も少なくなり、生命の多様性は失われる。さらには、創造性や喜びも減ってしまうだろう。

自然がより効率的であろうとしたり、脱物質化（dematerialization）を行うとか、ゴミは出さないなどと考えること自体馬鹿げている。自然界で「ゼロ排出」だの「ゼロ廃棄」などということが起こりうるだろうか！　自然の持つ効果的なシステムの素晴らしいところは、より少なくしていこうとするのではなく、より多くを望もうとすることにある。

＊39 Drucker, P. The Effective Executive. Harper Business. (1986)　邦訳『経営者の条件』野田一夫、川村欣也訳、ダイヤモンド社、１９６６年。

成長とは何か

産業の成長と自然の成長の違い

子供に成長について聞けば、それは良いことで、自然なことだと答えるだろう。子供にとって大人になることとは、大きくなって健康になり、強くなることなのだ。自然や子供の成長は、一般に美しく健やかなことだと考えられている。

ところが産業の成長となると、環境保護主義者などは、資源の濫用と文化や環境の崩壊につながるものとして疑問視されてしまう。都市や産業の成長は、ガンのようなものだと言われる。ガンは自分の住みついた生体組織（宿主）を無視して、自己のためにだけ成長するからだ。エドワード・アビー◇は、「成長のための成長とはガンのように狂ったものである」と言っている。

１９９３年から１９９９年にかけて、クリントン大統領が創設した「持続可能な開発協議会（Council on Sustainable Development）」では、成長に対して相反する意見がぶつかり合い、しばしば緊迫した空気をもたらした。この協議会は、企業や自治体、各種の社会団体や環境保護団体の代表者など、25人から構成されていたが、ビジネス側の参加者の意見は、「企業は本質的に存続するために成長を続ける必要がある」と主張した。環境保護側はこれに真っ向から対立して、企業が成長すれば乱開発が進み、太古から生存している森林や原野、動植物種を失い、公害や汚染が拡散し、地球温暖化が進行すると主張した。環境保護主義者の要求する「ゼロ成長」というシナリオに対しては、「ゼロ成長などマイナスの結果しかもたらさない」と、産業サイドの人々がいらだった。この環境保護と産業の対立は、一方の価値観を尊重することは、もう一方の価値観を犠牲にしなければならないことのように思われた。

しかし、誰にでも成長して欲しいと願うものと、そうでないものがある。無知であるより、教育のあるほうが好ましい。病気であるよりも、より健康でありたいと願う。貧しいより、裕福であるに越したことはない。水の汚染を進行させるのではなく、きれいな水に戻していかねばならないと考える。誰もが「クオリティ・オブ・ライフ」(ＱＯＬ)を向上させたいと願うはずなのだ。

解決のカギとなるのは、効率化の支持者が言うように人類の産業やシステムを縮小することではない。産業やシステムを拡大させることなのだ。ただし、その拡大が世界を回復させ、満たし、養うようにデザインしていかなければならない。ゆえに、製造業者や企業家がなすべき「正しいこと」とは、この地球に現在生きている世代と未来の世代のために、より広いニッチ◆、健康、栄養、多様性、知性、豊かさなどをもたらすような成長を導き出していくことにある。

桜は成長し、自分の遺伝子をより多く残していこうとする。しかし、このプロセスはただ一つの目的を果たしているのではない。実際、木が成長していくことで、いくつもの良い効果が生じる。木は動物や虫、微生物に食物を提供する。二酸化炭酸を吸収し、酸素を生産し、空気や水を浄化し、土壌を育み安定させることで生態系を豊かにする。一本の木の根や枝、そして葉は、多様な動物相・植物相を支えている。そして、木が作り出す生活圏に住む生物たちは、何らかの形でお互いを支え合うように機能している。やがて木は死を迎えると腐敗し、土となる。この時、自分の蓄えていたミネラル分を大地に放つ。それはその場所に、新しい生命が健康に育つための栄養となる。

木は、自分を取り巻く生態系のシステムから孤立しているのではなく、密接かつ生産的につながっている。これが自然の成長と、近代の産業システムの成長との重要な違いである。

◆ニッチ……生物学で「生態学的地位」のこと。その種が生息するのに適した環境要因をいう。

アリの生態系システムに学ぶ

アリ（蟻）の社会について考えてみよう。アリは毎日の生活の中で次のように活動している。

- 安全かつ効果的に、自分たちや他の生物が出す廃棄物を処理する。
- 必要な食物を栽培したり、収穫しながら、自分たちもその一部である生態系を養う。
- 完全にリサイクルできる材料で、居住空間、農園、食糧貯蔵庫、ゴミ処理場、墓場などを構築する。
- 安全かつ健全な生分解性の薬や消毒剤を作る。
- 地球全体の土壌の健康を保つ。

個体レベルでは、人間の身体のほうがアリよりもずっと大きい。しかし、種全体としては、アリのバイオマス（生物量）のほうが、人間よりもはるかに多いのだ。地球上に人間の影響の及ばない場所などないのと同じように、不毛の砂漠から都心まで、アリのいない場所はほとんどない。[*40]

アリは周囲の環境に悪影響を与えずに生存する生物のよい例である。彼らが作り、使用するものはすべて「ゆりかごからゆりかごへ」という自然のサイクルに従って、地球に還元される。彼らが使う材料はすべて、殺傷力の強い化学兵器でさえもその生分解性で、土に還れば養分となる。こうして土に補充された養分の一部は、アリたちがコロニーを維持するために再び利用される。

アリはほかの生物の出す廃棄物も処理する。例えばハキリアリは、地表面から腐敗物を集めて地中の巣に運び、自分たちのキノコ農園の肥料にする。このアリの農耕活動はミネ

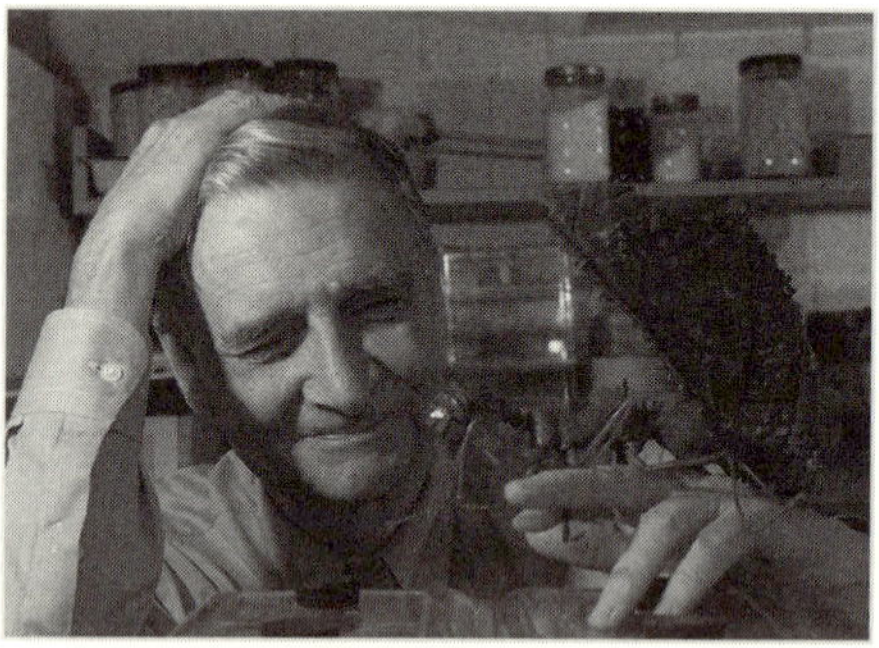

E.O. ウィルソン © Rick Friedman　　ハキリアリ © Bandwagonman
ハキリアリは植物の葉を切りとってせっせと巣に運びこみ、巣の中で葉を細かく切り刻んで、そこにキノコの菌糸を植えつけ栽培し、育ったキノコを食料とする。

ラルを土壌の上層に運び込み、植物や茸類に栄養を与えることになる。また、アリたちが土を掘り返して空気にさらし、水はけを良くすることは、土壌の健康と肥沃さを維持するのに重要な役割を果たす。生物学者のE・O・ウィルソン◇が指摘したように、アリは世界を動かす小さな生き物である。しかし、アリは世界を動かしても、世界を「侵略」するわけではない。桜の木のように、世界をよりよい場所に保っている。

＊40 Hoyt, E. The Earth Dwellers: Adventures in the Land of Ants. Simon & Schuster. (1996) p.27 p.19

「自然のサービス」に頼る産業

自然は人間の介入なしに、水や空気を浄化し、侵食や洪水、日照りを柔らげ、気候を安定させる。物質を解毒し、腐敗させ、土壌を生み出し、その肥沃さを再生する。生物界の均衡と多様性を保っている。

さらには私たちに、美的・精神的な豊かさを与えてくれる。

こうした自然の働きは、「自然のサービス[*41]（nature's services）」と呼ばれることがある。しかし、我々はこれを「サービス」とは呼びたくはない。なぜなら、自然はとくに、人間のためにこのようなことをするわけではないからだ。むしろ、自然のプロセスは、多種多様な有機体と、それらの持つシステムのダイナミックな相互依存関係の一部であると考えるのがよいだろう。その成長の結果として、昆虫や微生物、鳥類が繁栄し、水の循環や栄養素の流れが豊かになり、生態系全体に活力が与えられるのである。

それに比べ、人間が生み出す新しいショッピング・モールのもたらす結果はどうだろうか――。確かに短期的には職場を増やしたり、地元の経済が潤うなどの利点もある。場合によっては国全体のGDPまで増加させるかもしれない。しかし、その一方で交通渋滞、アスファルトで覆われた地面、公害、ゴミなどが増加することで、生活全体の質を低下させる。うわべの利益などというものは、結局は損なわれてしまうものなのだ。

従来の製造業は、マイナスの副作用をもたらすことのほうが圧倒的に多い。例えば、繊維工場はきれいな水を取り込み、有毒なコバルトやジルコニウムなどの重金属や化学薬品によって汚染された水を排出する。布地の端切れや、織機の糸くずのような固形廃棄物も、その多くは石油化学製品なので安全ではない。総じて工場から排出される廃棄物や汚泥は、そのまま生態系に戻すと安全ではない。結局、危険物として土に埋められたり、焼却されたりする。

　こうしてできあがった布地は世界中で売られ、使い終われば「どこかに」捨てられる。つまりは、燃やされて有毒ガスを撒き散らすか、埋立地に埋められるのである。布地としての短い寿命の間にも、布地は摩耗し、空気中に塵《チリ》となって浮遊し、人の肺に吸い込まれる。こうしたことを我々は「効率的生産」と呼んでいるのだ。

　どんなプロセスにも副作用はある。しかし、その副作用は必ずしもすべてが意図せずに発生する有害なものではなく、よく思慮すれば持続可能性につなげることができる。我々は自然の営みの複雑さと、その知恵に対して謙虚になれるはずである。そうなれば、我々は生産活動をただ一つの目的のためにデザインするのではなく、同時にいくつもの良い副作用をもたらすようなものにデザインできるはずなのだ。

　エコ効果を理解するデザイナーは、製品やシステムの主要な目的にとらわれずに、広い視野で、製品やシステムを包括的にとらえられる。そのようなデザイナーは、ある目的とそれがもたらす効果を考える際にも、時間的、場所的な要因を踏まえ、直接的に、また副次的に、何が起こりうるかを考える。さらには、デザインされた製品とその生産プロセスによって、システム全体がどう変わるのか、商業的、文化的、環境的側面から考えていく。

＊41 Daily, G. C. Nature's Services: Societal Dependence on Natural Ecosystems. の序文より。edited by Daily, G. C. Island Press. (1997) p.4

コントロールを超えて

失われた屋根

ふだん見慣れた製品も、広い視野の中に置いて見ると、その姿を変え始める。例えば、建物の屋根がそのよい例である。従来の屋根の表面は、建物の中でもっとも維持費がかかる部分である。一日中、太陽に照りつけられ、紫外線によって傷み、日中と夜との大きな気温の差や、熱による衝撃を絶え間なく受けるためである。

より広い視野で見ると、屋根も、舗装道路や駐車場、歩道、建物自体と同様に、人間の手によって広がり続ける不浸水性の地表面の一部であることが分かる。雨が降っても水を吸収しない地表が多くなれば、それだけ洪水が起きやすくなる。暗い色の表面は、昼の間に太陽のエネルギーを吸収し、夜になるとそれを放射する。このため、夏になると都市は熱され、多くの生物たちが生きる場所を失う。

これらの影響を個々に考えれば、例えば洪水対策としては、雨水を集める大きな貯水池を作るといったルールを決めればよいだろう。暑さの問題を「解決」するには、冷房装置を備えつければよい。しかし、エアコンの出す排気熱は、街の外気温を上昇させる原因の一つとなってしまう。したがって、この解決策は室内の温度を下げることにはなるが、外気の温度を上げる原因を新たに増やすことになってしまうのだ。野生生物の生息できる場所が減少していくことについては、もうお手あげだと言ってもよい。野生動物が都市の拡張の犠牲となるのは当然のことなのだろうか——。

我々は経済的な側面も含め、こうした問題すべてに応えられるような「屋根」について研究を続けてきた。そして考えついたのが、屋根の上に軽い土の層を作り、そこに植物を植え、緑で屋根を覆うというものだ。この方法であれば、屋根の表面温度を一定に保つことができる。そして暑い季節には、気化冷却効果によって、コストをかけずに建物を冷やし、冬には断熱材となって、建物の熱が逃げるのを防ぐことができる。また、太陽光線が屋根を傷めつけるのも防いでくれるので、屋根が長持ちするようになる。さらには、植物は酸素を作り、二酸化炭素を固定し、煤煙のような微粒子を捕らえ、雨水を吸収してくれる。そのうえ、見た目にもアスファルトむき出しの屋根より美しい。この屋根ならば雨水を吸収するので、洪水など水の災害による損害や、災害防止の規制にかかる費用を節減できる。適切な場所では、屋根に太陽光を利用した発電システムを取り付けることさえ可能である。

これは決して新しいアイデアではない。何世紀も前からある建築技術なのである。例えばアイスランドでは、古い農家は石と木と芝土で作られ、屋根は草でできている。このよ

シカゴ市庁舎のグリーン・ルーフ
© World Business Chicago

自然と一体化したアイスランドの家
© WELL HOUSE CONSULTANTS LTD.

うな屋根はヨーロッパではよく普及していて、この形式の屋根の占める総面積は何百万平方メートルにもなる。これに今日の進んだ設計技術を加えれば、さまざまな良い効果が期待できる。

特に見逃すことができないのが、人々のイマジネーション（想像力）をかき立てるという効果である。我々はシカゴの市長・リチャード・デイリーの依頼で、シカゴの市庁舎の屋上に庭園を作った経験がある。彼の夢は、町中の屋根をグリーン・ルーフで覆い、町を涼しくするだけでなく、太陽エネルギーを利用し、食べ物や花を育て、鳥や人々がともに都市の喧騒《けんそう》から逃れることのできる楽園を作ることだそうだ。

何が自然で何が文明的か

エコ効果的なアプローチに基づいてデザインをするということは、今まで想像もつかなかったような技術革新を招き、すでにあるシステムを最適化する方法に気づかせてくれる。ただし、このアプローチは決してそれ自体が劇的な解決策となるわけではない。エコ効果的なアプローチを取るということは、自然をコントロールする対象ととらえる古い考え方から、自然と契約をするという態度に切り替えることなのである。

何千年もの間、人間は生き延びていく上で、たびたび人間の力と自然の力の境界線を保持しようと努力してきた。特に西洋文明では、人間には自然を自分たちのために都合よく変える権利と義務があるという信念を形成してきた。例えば、フランシス・ベーコン◇は、「自然とは、人間の生活に仕えるために、支配され、管理され、利用されるものである」と考えていた[*42]。

今日、特に先進国では、人間にとって脅威となる自然の災害はわずかとなった。日常の生活では、よほどひどい地震や台風、疫病などが起きない限り、不安を覚えることはない。それなのに我々は未だに、厳しい荒野を斧《オノ》や鋤《スキ》を使って切り開いた祖先たちの慣例に基づいた文明の精神的モデルにしがみついている。自然を克服し、コントロールすることが当たり前であるだけでなく、そこに美しささえ感じるようになっている。例えば、芝生がどのように敷かれ、整えられているかを見ると、何が「自然」で、何が「文明的」かが、はっきりと分かる。

アスファルトとコンクリート、鉄筋、ガラスでできた都市の風景に、過剰な自然は乱雑で無用とみなされ、植木や庭園のようにして入念に整えられてしまう。秋に木の葉が落ちると素早くかき集められ、堆肥にされずにビニール袋に詰めて焼却炉や埋立地に捨てられてしまう。自然の豊かさを最大限に利用しようとせず、無意識のうちに除去しようとしているのだ。コントロールする文化に慣れきってしまっている人々の多くにとっては、野生のままの自然は馴染みが薄く、あまり歓迎できるものでなくなってしまっているのである。

＊42 Clive Pointing, C. A Green History of the World: the Environment and the Collapse of Great Civilizations. Penguin Books. (1991) p.148

「禁じられた桜の木」

この点を力説するために、化学者のマイケルは「禁じられた桜の木」の話をするのが好きである。１９８６年に、ドイツのハノーバー市に住む何人かの人たちが、通りに桜の木を植えようと思いついた。桜の木を植えれば鳥が歌を歌い、人々はサクランボを食べたり、花を摘んだり、眺めて楽しんだりすることができると考えたのだ。それはよいことずくめの思いつきなので、何の問題もないように見えた。しかし、桜の木を実際に植えることは、思ったほど容易ではなかったのである。というのも、その地域の区画規制によると、新しい桜の木を植えることは法律違反だったからだ。住民にとって喜びを与えてくれるものが、地元の行政にとってはリスクを生むものとみなされていたのだ。

どういうことかというと、まず地面に落ちたサクランボや花びらを、通りかかった人が踏んで滑るかもしれない。木の実がなれば子供たちが木に登ろうとするかも知れず、その子供が木から落ちてケガでもしたら責任問題が生じる。市会議員たちは桜の木を植えることが効率的であるとは考えなかった。彼らにとっては、桜の木は道を散らかし、さまざまな問題を起こしかねない、予測できない存在にしか思えなかった。

つまり、自分たちの思い通りにコントロールできないものとみなされたのだ。当時のハノーバー市の行政システムには、このようなものを扱う用意ができていなかった。それでも住民たちは苦労の末に、最終的には桜の木を植える特別許可を得ることができた。

この「禁じられた桜の木」は、コントロールの文化、自然と人間の産業との間にある物理的・観念的な壁を表すのによいメタファー（比喩）と言える。近代デザインには、不足するものは人工的に増やす、役に立たないものは取り除くか締め出すといった、自然をコントロールしようという性質が暗黙の了解としてある。しかも、このことが特に疑問視されることもない。力ずくでだめなら、力が足りないのだ。

パラダイムは変化する

私自身、仕事の中で経験してきたが、「パラダイム」というものは時々変化する。それは新しいアイデアによってだけでなく、好みや流行が変わることによっても起こる。現代の好みはすでに「多様性」に向かい始めている。マイケルにはもう一つの逸話がある。

1982年、彼の母親の庭は、野菜やハーブ、野生の花、その他の珍しい貴重な植物で溢れていた。これについて町の自治体は、彼女の庭が「野生」すぎて乱雑だと決めつけ、罰金を支払うように命じた。彼女は、マイケルが「野生最少化請求」と呼ぶこの規制に妥協するよりは、毎年、その罰金を払ってでも自分の好みの庭を育て続けることを選んだ。ところが10年後、この同じ庭が鳴禽類（複雑なさえずりをすることができる小鳥類）のための生息地になっているということで、地元社会から賞を贈られたのである。

いったい、何が変わったのだろう。大衆の好みや、美的感覚が変わったのである。今では、「野生」に見える庭がファッショナブルなのだ。このように価値観を変化させることがどのような恩恵をもたらしてくれるか、より大きなスケールで考えてみてもらいたい。

デザインにおける新しい課題

地球人の自覚

科学や流行文化の話題の中で、月や火星など他の惑星を植民地化することが、しばしば取り上げられる。これは人間が好奇心と探求心の動物であるからだ。月のようなフロンティアに挑む魅力は抑えがたく、ロマンチックですらある。しかしそれは、もし地球に住めなくなったとしても、ほかの星へ移住すれば人類は生き延びられるといった希望的観測に基づいた、破壊の正当化へとつながりかねない。

このような思惑に対して、我々はこう言いたい。火星で生きようとするならば、まず(南米の)チリに行って銅の採掘場に住んでみるべきだ。動物もいない、人類にとって敵意に満ちた環境の中での生活は、相当なチャレンジを要求されるだろうと痛切に感じるはずだ。月面での生活を体験したいなら、カナダのオンタリオ州のニッケル採掘場に行ってみればいい。

まじめな話、人間は地球上で進化し、現在の地球の環境で生活するようにできている。地球の大気や栄養素、自然のサイクルと、私たち自身の生体システムが共に進化してきたがゆえに、今の我々があるのだ。どう考えても、人間は月のような環境に適していない。宇宙探検や、そこでの発見には重要な科学的価値があることは間違いない。また、「人類未踏の宇宙に、勇敢に航海する」ことが可能になるような技術革新は称賛されるべきである。

しかし、地球を荒廃させたうえ、たとえその手段があったとしても、かつての地球よりも住みにくいほかの星へ移住するなどといった羽目にならないよう、心がけようではないか。我々は知恵を働かしてこの星に残るべきなのだ。今一度、あらためて地球人になる努力をしようではないか——。

著者らは決して、科学技術が普及する以前の世界に戻ることを奨励しているのではない。我々は最高の技術や文化を生かすことによって、地球上の文明を新しく生まれ変わらせることができると信じている。建物やシステム、町、都市全体でさえも、周囲の生態系と絡み合って、お互いを豊かにするようなものにできるはずだ。人の手が加わったり、人が住まない無垢の自然は、ある程度残さなければならない。その一方で、製造工場などは日常の生活から隔離する必要のない、安全で効果的、豊かで知的なものにすることができるはずである。

この確信は、区画規制という概念を逆転させる。製造業が危険でなくなれば、商業施設や住宅を工場に隣接させることも可能となり、互いに便利さなどのメリットや、そこでの喜びを分かち合うことができるようになるのだ。

土地に根づくアメリカ・ウィスコンシン州の先住民であるメノミネ族は、何世代にもわたって森林を伐採し、木材として利用している。彼らは自然から利益を得ながら、自然を繁栄させるような伐採方法を採っている。一般的な伐採の目的は、必要に応じて木材パルプという形の炭水化物を生産することである。この目的は単一的で、あくまで実利的なものだ。森にどのくらいの種類の鳥が生息しているかとか、斜面がどのように森林によって支えられているかなどは無視する。森は資源であると同時に、休息や憩いの場であるという考え方はない。

メノミネ族は自分たちの森林資源を育てつつ利用する　© www. mtewood. com

1880 年代のメノミネ族の夏のキャンプ地　© www. rootsweb.ancestory. com

森が我々にとって価値あるように、未来の世代にとっても同じように価値あるものとしていくために必要な考慮もない。

　メノミネ族は、弱い木だけを切り取り、強い母樹を残して、リスなどの動物が高い梢《こずえ》で生息し続けられるようにする。この方法は非常に生産性が高く、部族に商業収入をもたらしながら、森も育ってゆくことができる。これはメノミネ族が、自分たちが使う量ではなく、森が自分たちに使わせてくれる量を正しく理解していたことを意味している。

　ここで注意しておくべきことがある。メノミネ族の伐採方法がどこでも通用するわけではないということだ。例えば、一種類の樹木だけからなる森を伐採し、そこに複数種類の樹木を植え直して森林を復元しようとする場合は、一度にすべての樹木をみな伐採する方法もふさわしいだろう。森林管理協議会が言うように、絶対的な伐採方法など存在しないのである。

　ウィリアムズ大学の環境科学の専門家であるカイ・リー

教授は、アメリカ先住民の土地に対する感覚について、面白い話をしてくれた。1986年にリーは、ワシントン州中央にあるハンフォード保留地で、放射性廃棄物の長期貯蔵に携わっていた。ここはアメリカ政府が核兵器に使用するプルトニウムを生産していた場所だった。

ある朝、リーと科学者たちは、遠い将来、人がその廃棄物貯蔵施設を誤って掘削し、危険物に曝されることがないように、いつでも見つけられるような目印をつける方法について話し合っていた。休憩時間、別件でそこを訪れたヤキマ・インディアンたちにこのことを話してみた。ハンフォード保留地のほとんどは彼らの土地である。ヤキマ族は将来の世代についてのリーの心配に驚き、面白がりさえした。彼らは、

「心配するな。私たちが子孫に場所を伝えるよ」

と言った。リーによれば、「彼らにとって自分たちと自分たちが住む土地というものは、私のそれのように歴史的なものではなく、永遠のものなのだ。この土地はいつまでも彼らのものであると考えているので、白人が残した廃棄物を触るなと子孫に伝えればよい」のだそうだ。

メノミネ族やヤキマ族と同様に、人類は、この地球を離れることはないのだ。このことを理解した時、我々の地球人としての一歩が始まるのである。

消耗の世界から豊穣の世界へ

効率についての古い冗談話がある。オリーブ油の商人が市場から帰ってきて、友人に愚痴を言った。

「オリーブ油なんか売っても儲からないよ！　油を運ぶロバに餌をやったらほとんど利益がない」――。友人はロバにやる餌を少し減らせばよいと提案する。6週間後にもう一度、二人は市場で出会う。油売りはひどく哀れな様子で、お金もロバもない。友人が「どうしたのか」と尋ねると、その油商人は答えた。

「おまえの言うとおりにロバの餌を少し減らしたら、お金が入るようになったよ。だからもう少し餌を減らしたら、さらに利益が増えたよ。でも、やっと儲かり始めたところで、ロバが死んでしまったよ！」

――我々の目標は自分たちを飢え死にさせることだろうか。ゼロ削減のために我々の文化や産業、そして我々自身すらも、この地球上から消し去ることだろうか。そんな目標に対して励みなど生まれるだろうか。もし、産業について嘆くのではなく、胸を張ることのできる理由があれば、どんなに素晴らしいだろう。

例えば、新世代の自動車が空気を浄化し、飲み水を作り出すようなものになれば、自動車を買い替える人を、環境保護者も自動車メーカーも共に讃えることができるようになるだろう。樹木にならって日陰を作り、鳥の棲み家となり、食べ物やエネルギー、きれいな水を提供してくれるような建物をデザインできないだろうか——。

人口が1人増えるごとに、経済的資産が増えると同時に、生態学的にも、文化的にも豊かになるようにはできないだろうか。我々の社会を地球を絶滅に追いやるものではなく、非常に大きなスケールで地球の資産や喜びを増やすものにはできないだろうか——。

我々は新しいデザイン課題を提案したい。それは今ある破壊的な産業の仕組みを手直しすることではない。人々と産業界が産み出すものは、次に挙げるようなものであって欲しいのだ。

《新しいデザイン課題》

- 木のように、消費するよりも多くのエネルギーを生産し、自らの廃水を浄化する建物。
- 排水が飲み水になるような工場。
- 使い終えると再利用できない廃棄物になるのではなく、腐食して植物や動物、土壌の栄養素となる製品。または工業サイクルに戻すことで再び高品質な原料となるような製品。
- 人間と自然双方にとっての何億、何兆ドルにも相当する財産として蓄積される素材。
- 商品やサービスを運びながらクオリティ・オブ・ライフを向上させる輸送機関。
- 限界、汚染、消耗の世界ではなく、豊穣の世界——。

◇**マーガレット・アトウッド**…Margaret Atwood（1939～）カナダの作家。詩、小説、評論、児童文学等、幅広いジャンルで作品を発表し、アメリカ、ヨーロッパでも数々の文学賞を受賞。主な作品に『浮かびあがる』『侍女の物語』などがある。

◇**ピーター・F・ドラッカー**…Peter Ferdinand Drucker（1909～2005）オーストリア生まれの経営学者・社会学者。自らを「社会生態学者」と位置づけていた。社会的存在としての人間の幸福を追究。組織運営の方法論について説き「マネジメントの父」と呼ばれる。経営に関する著書多数。邦訳も数多く出版されている。

◇**エドワード・アビー**…Edward Abbey（1927～1989）アメリカの作家、エッセイスト。主著に『爆破モンキーレンチギャング The Monkey Wrench Gang　邦訳２００１年　片岡夏実訳　築地書館』『砂の楽園 Desert Solitaire 邦訳１９９３年　越智道雄訳　東京書籍』などがある。

◇**E・O・ウィルソン**…Edward Osborne Wilson（1929～）アメリカの昆虫学者、社会生物学、生物多様性の研究者。著書に『社会生物学　Sociobiology: The New Synthesis』『バイオフィリア―人間と生物の絆　Biophilia—The Biophilia Hypothesis』『生命の多様性　The Diversity of Life』などがある。

◇**フランシス・ベーコン**…Francis Bacon, Baron Verulam and Viscount St. Albans（1561～1626）イギリス経験主義の哲学者。キリスト教神学者、法律家。主著『新オルガヌム』（１６２０）において、実験と観察による帰納法を説き、近代科学の研究方法としての経験論を確立、「知は力なり」の言葉に見られるように、人間による自然の支配を学問の目的と考えた。

第4章 ゴミの概念をなくす

C2C Cradle to Cradle

青いナイルの神ハピ
豊穣の神（右）はナイル川と地中海に手をおいている。この絵は実りを約束するナイル川の氾濫を示しているという　© David N. Kidd

「ゴミ」の文明史

自然界に「ゴミ」は存在しない

自然界における代謝や栄養素の循環システムには、「ゴミ」というものが存在しない。桜の木はたくさんの花を咲かせ、花は果実となり、実の中には種が形成される。こうして、種という形で桜の木は自分の分身を増やしていく。もちろん、咲いた花のすべてが実をつけるわけではない。しかし、実を結ばなかった花も、無駄になるのではなく、地面に落ちて腐敗し、生物や微生物の食べ物となり、土壌の養分となる。いたるところで動物や人間は二酸化炭素を吐き出しているが、それを植物は吸い込んで育つ。

ゴミから出る窒素は、微生物や動物、植物によってタンパク質に変えられる。馬は草を食べて糞をし、それがハエの幼虫の食べ物と棲み家になる。このようにして、地球上の主な栄養素である炭素、水素、酸素、窒素などは、循環を繰り返していく。もうお分かりのように、廃棄物は同時に、食べ物でもあるのだ。

循環する「ゆりかごからゆりかごへ」の生物学的システムは、何百万年もの間、地球という豊かで多様性に富む惑星を育んできた。地球の歴史のごく最近まで、生物学的な循環が唯一のシステムであり、地球上のどの生物もがその一部だった。このシステムにおいて、成長とは良いことであった。「成長」とは、より多くの木、より多くの生物、より多くの種、より多様で、より複雑かつ柔軟性のある生態系を意味していた。

やがて「産業」というものが現われ、物質の自然な均衡を崩し始めた。人間は地球の表面から資源を搾取し、それを濃縮し、形を変え、安全に土に返せない大量の物質を生み出した。今日、地球には二種類の物質が循環している。一つは生物の生み出すもので、もう一つは技術、すなわち産業によって生み出されるものである。

筆者らは、地球を循環する物質は、生物的栄養素と技術的栄養素の二種類に分けられると考える。生物的栄養素は生物圏にとって役立つもので、技術的栄養素は我々が技術圏と呼ぶもの、つまりは産業のシステムとそのプロセスにとって役に立つものである。しかしながら、どういうわけか人類は、このどちらの栄養素の存在も無視する産業基盤を発展させてきた。

文明はゴミだけでなく帝国主義をも生み出す

農耕の始まるずっと以前の遊牧生活では、人々は食料を求めて転々と移動していた。このような生活では所持品を軽くする必要があったので、持ち歩くものと言えば、わずかな道具やアクセサリー、動物の皮でできた袋や衣服、植物の種や球根を入れるカゴくらいのものだった。こうした品々は、その土地で手に入る素材で作られ、使い終わって捨てても簡単に腐敗し、自然が消化してくれる。石の武器や火打石などの丈夫なものであっても、捨てればよかった。彼らは常に移動していたので、トイレや下水などの生物的廃棄物は、そこらで勝手に土に還るので心配する必要がなかった。当時の人間にとってはどこにいようと、そこは「アウェイ」でしかなかった。

初期の農耕社会では、生物的廃棄物は常に土に還されていた。つまり、土に栄養素を戻していたことになる。畑は順に休耕させて、再び自然に肥沃になるのを待った。やがて農耕機具や技術が発達し、より早く食料を生産できるようになっていく。その一方で人口は増え、多くの共同体で、自然の回復能力以上の資源や食物を採取するようにもなっていく。さらに人口密度が増すと、公衆衛生の問題が発生し、自分たちの出した廃棄物の処理方法を考えねばならなくなった。加えて、消費の増加速度に合わせて養うという努力がなされなかったために、土地の滋養はますます奪い去られ、木などの資源も使い尽くされていくようになってしまった。

「金は臭くない」という古代ローマのことわざがある。その頃のローマでは、使用人たちが公共のトイレや裕福な人々のトイレの汚物を集め、町の外の廃棄場所に捨てていた。一方、農業によって土壌の養分は枯渇し、木材伐採によって丸裸となった山では浸食が進んだ。土地は徐々に乾燥、不毛化し、農地での収穫も減っていった。

ローマにおいて帝国主義が出現した理由の一つは、さまざまな必要物資が不足し、中央の莫大なニーズのため、あらゆるところから木材や食料、その他の資源を取り寄せようとしたことである。このことを物語るかのように、ローマの農耕神であったマルスは、都市の資源が減って周辺への征服が進むにつれて、戦いの神に変わっていった。*43 こうしたことはローマに限ったことではなく、帝国主義というものはおおむねこのようにして台頭していく。

＊43 Sir Albert Howard はローマ帝国の没落について語っている。「原因は4つある。2回のカルタゴ戦争で頂点に達した軍団に男子を常に出頭させて農村の人員を減らした。ローマ人の資本主義者が農村を支配した。土地の肥沃性を保つために作物や家畜の飼育のバランスを取らなかった。自由な労働者ではなく、奴隷を使った。」Howard, A. An Agricultural Testament. Oxford University Press. (1940) p.8　邦訳『農業聖典』A・G・ハワード著、山路健訳、日本経済評論社、1985年。

都市の拡大と共に生態系が劣化

ウィリアム・クロノン◇は、その著書『Nature's Metropolis』において、都市とその自然環境の関係について似たような説を語っている。例えば、彼によると、「アメリカの穀倉地帯」と呼ばれるシカゴ周辺の広大な農業地帯は、この都市を支えるべく、長年をかけて形成されたことになる。つまり、シカゴ周辺の開拓は、シカゴと無関係に起きたのではなく、この都市のニーズによる必然として始まり、シカゴと密接な関係を築いてきたので

ある。クロノンは、

「19世紀のアメリカ西部の歴史における主要な出来事は、都市経済が大きくなり、都市と田舎がより複雑かつ密接につながっていったことである」

と述べている。それゆえ彼は、アメリカの都市の歴史は「都市郊外の歴史でもあり、都市と都市郊外を内包する自然界の歴史でもある」としている。[*44]

都市は膨張するにしたがって、周囲の環境に甚大な負担をかけつつ、そこから材料や資源を取り寄せるようになる。さらには、近隣の資源を丸裸になるまで奪うと、さらにより遠くに供給先を求め、これを繰り返していく。例えば、森林がミネソタ州から消えるにしたがって、木材の伐採地はブリティッシュ・コロンビアへ移っていった。このような拡張は、先住民にも影響を及ぼした。例えば、ミズーリ州北部のマンダン族は、白人が持ち込んだ天然痘によって滅亡してしまった。

世界中の都市が長い時間をかけ、必要な物資をさまざまな場所から運び込むための輸送機関を整備していった。こうしたなかで、資源や土地、食糧などをめぐって、異なる文化が互いに対立することも起きるようになったのである。

19世紀から20世紀初頭には合成肥料が開発され、強力に産業化された大型農業が可能となり、同じ土地から自然にできるよりもより多くの作物を収穫できるようになった。しかし、これに伴って深刻な副作用が現われる。化学肥料が使われるようになったために、滋養豊かな腐葉土が少なくなり、土地が急速にやせ衰え始めたのである。なぜならば、工業化された農業だけではなく、ごく小さな農家でさえも、生物的廃棄物を養分となるように土に戻すことをしなくなっていったからだ。さらに、農家や周辺の住民が気づかぬうちに、多くの化学肥料の成分であるカドミウム、リン酸石に含まれる放射性元素などによって、土壌の汚染も起きるようになってしまった。

＊44 Cronon, W. Nature's Metropolis: Chicago and the Great West. W. W. Norton. (1991)xv , p.19

還元力を失ったシステム

伝統的文化は、栄養物はその形を変えながら自然界の中を移動することを理解していた。何世紀もの間、エジプトではナイル河で毎年洪水が起き、その後には肥沃なシルトの層が残されていた。[＊45] 紀元前３２００年頃から、エジプトの農民はこの肥沃な土地を利用し、そこにナイル河の豊かな水を取り込む灌漑水路を築くようになり、また干ばつに備えて余った食料を貯えておくことも覚えた。このようにしてエジプト人は何千年もの間、自然の栄養物の流動に無理を強いることなく、これを最大限に利用していたのである。

ところが19世紀、イギリスやフランスの技術者が入ってくると、エジプトの農法は徐々に西洋の方式に変わっていった。そして１９７１年にはアスワン・ハイ・ダムが完成する。しかし、このダムができたために、何世紀もの間エジプトに豊穣をもたらしてきたシルトは、コンクリートの壁の内側に溜まるようになってしまう。また、耕作地として使われてきた肥沃な土地には、家が建てられるようになっていった。住宅や道路は、農業と激しく土地を争い合う。今や、エジプトの食料自給率は50パーセント以下となり、ヨーロッパやアメリカからの輸入に頼らざるを得なくなっている。

何千年間もかけて、中国では病原菌が食物連鎖を汚染することを防ぐシステムを完成させ、下水などの生物的廃棄物で水田を肥やしてきた。[*46] 今日でも中国の田舎の家庭では、食事に招待した客が帰る前には糞尿を栄養分として「返してもらう」ことを期待する風習が残っているところがある。また昔は、家財道具などを買う時に、その対価として自分の糞尿を箱の中にして払うという習慣も一般的だった。しかし、その中国でも、今日では西洋式の農業を取り入れており、その結果、エジプトのように外国からの食料輸入に頼るようになってしまっている。

生きるうえで必要な膨大な栄養分を土からもらっておきながら、再び使える形で戻すことをほとんどしない生き物は人間だけである。我々のシステムは、小規模で地域的なレベルは別として、もはや先人たちがしてきたようなやり方で栄養分を土に戻せないデザインになってしまっている。

実ったものをすべて収穫してしまうようなやり方は、土壌の侵食を加速させ、農業や製造業において利用される化学的プロセスは、土壌を塩化、酸性化させ、自然が回復させることのできる量の20倍以上もの土壌を、毎年消耗している。微生物や栄養分の豊かな土の層を、たった3センチ蓄えるのに、500年もかかることがある。現在、我々は土壌が形成される速度の5000倍の速さでこれを失っているのだ。

＊45 Worster, D. Thinking Like a River. In (Eds) Jackson, W., Berry, W. & Colman, B. Meeting the Expectations of the Land. North Point Press. (1984) pp.58-59

＊46 King, F. H. Farmers of Forty Centuries: Or, Permanent Agriculture in China, Korea and Japan. Jonathan Cape. (1925) 参照。邦訳『東亜四千年の農民』F・H・キング著、杉本俊朗訳、栗田書店、1944年。

リサイクルから使い捨てへ

産業革命以前も人は物を消費してきた。しかし、ほとんどの生産物は、捨てられたり、埋められたり、燃やされたりした後、安全に生分解された。金属は例外で、非常に貴重だったので、溶かして再利用された。このようにして再利用されていた金属を、我々は初期の「技術的栄養素」と呼んでいる。しかし、産業が発達して多くの製品がもはや分解できないものになっても、要らなくなれば捨てるという習慣は変わらなかった。そして、物が不足した時代には、工業用素材の価値は上昇するようになってしまった。大恐慌時代に育った人は、空きビンや一度使ったアルミホイルでも何度も使い回し、第二次世界大戦中は、輪ゴムや、アルミホイル、スチール、その他の材料が、工業用に再利用された。

しかし、戦後の市場に安い材料や新しい合成素材が出回るようになると、アルミやプラ

第二次世界大戦中、あのアメリカでも既に空き缶などのリサイクルが行われていた。
© The Mariners' Museum/CORBIS

第二次世界大戦中、シアトル市街で新聞紙の回収を行う子供たち。
© Seattle Post-Intelligencer Collection; Museum of History and Industry

スチック、ガラスビン、包装箱などを回収、運搬、洗浄、再利用するよりは、新しく作るほうが安く済むようになった。家庭においても、産業の近代化の初期には、オーブンや冷蔵庫、電話などを人に譲ったり、修理したり、中古品業者に売ったりしたものだが、いつしか、こうした耐久消費財も捨てられるようになっている。いまどき誰が安いトースターなど修理するだろうか。修理のために部品をメーカーに送ったり、近所で修理してくれるところを探すよりも、新品を買うほうが簡単だ。使い捨てが当たり前の世の中になってしまったのである。

ゴミは産業デザインの欠陥のシンボル

仮にあなたが新車を購入するとしよう。今まで乗っていた自動車はどうするか——。

自動車は貴重な工業材料でできている。だから無駄にはしたくない。しかし、あなたがジャンクアーティスト（廃品芸術家）でもない限り、実際にはどうすることもできないだろう。残念なことに、今の自動車というのは、あらかじめ技術的栄養素として効果的に再利用されることを考えてデザインされていない。したがって、分解されても、その廃材は捨てられるか、「リサイクル」されたとしても、素材としての品質は落ちてしまう。

それどころかメーカーは、消費者がそろそろ次の製品に買い換えたくなる頃に、その製品の寿命がくるようにデザインしているのだ。あげくに、梱包材のような使い終えたら捨てるほかないようなものでも、自然に分解しないようにデザインされている。そして皮肉にも、包まれている商品よりパッケージのほうが長持ちすることもある。

資源が手に入りにくい地域に住む人々は、今でも工夫を凝らして使用済みゴムタイヤでサンダルを作るなどの再利用をしたり、合板を燃やして燃料にしたりしている。このような創意工夫は必要と適応の所産といってよく、物資の有益な再利用法を生む。しかし問題は、現在の産業デザインや製造方法が、作り出した製品の行く末を、まったくと言ってよいほど考慮していないことにある。そして、製品を作り出すデザイナーや生産者が、自分たちの作ったものが後にどのようにリサイクルされるかを無視している限り、安易な再利用は、危険で致命的なことになりかねないのだ。

「ハイブリッドの怪物」の出現

埋立地の山が増えるのは実に憂慮すべきことである。しかし、廃棄物の量が増え続けることや、その廃棄場所が不足することが、「ゆりかごから墓場」デザインのもっとも深刻な問題なのではない。それ以上に問題なのは、産業と自然の双方にとって大切な「食物」となる栄養分が、汚染され、無駄にされ、失われていることである。こうした栄養分が失われる理由は、単に適切なリサイクルのシステムが無いだけではない。多くの製品が、人工素材と生的素材の合成物であるため、製品寿命を終えた後に、素材として分離回収することができなくなっていることである。我々はこうした製品を冗談で、「フランケンシュタインの製品」とか「ハイブリッドの怪物」と呼ぶことがある。

一般的な革靴は、ハイブリッドの怪物である。昔の靴は革を植物から抽出した、比較的安全な薬剤を使ってなめしていた。したがって、靴の製造過程で出る廃棄物も、あまり問題とはならなかった。用済みとなった靴は捨てても生分解されたし、燃やしても問題はなかった。しかし、植物性のなめし剤を得るためには、木を伐採しなければならない。そのため靴を作るのには時間がかかり、値段も高価なものであった。それがこの40年で、なめし剤は植物性のものから、すぐに手に入る安価なクロム性のものが利用されるようになった。しかし、クロムは希少で、産業界にとっては貴重な物質であるだけでなく、使い方によっては発ガン性を持つ。

最近では、靴の革なめしは発展途上国で行われることが多いのだが、こうした途上国で、

インドでは製革工場によるクロムなどの汚染物質の流出・廃棄が問題となっている。子供は1日1ドルという低賃金で何の保護措置もなく危険な化学物質にさらされながら働く。すでにこうした子供たちの健康障害が問題になっている。　Photograph: Alex Masi

クロムの危険性から人や生態系を守るような配慮は、ほとんどと言ってよいほど、なされていない。産業廃棄物も燃やされるか、近くの川に捨てられ、有害物質が撒き散らされてしまう。不公平なことに、貧しい人の住む地域ほど、その度合いが多い。さらに、一般的なゴムの靴底には、鉛やプラスチックが含まれている。このため、靴が磨り減るときには、こうした有害な物質の粒子が大気中や土中に散ってゆく。つまり、このような靴は、人にとっても自然にとっても安全に消費することができないのである。それだけではなく、用済みとなった靴に含まれる、貴重な有機的素材も、無機的素材も、ほとんどが埋立地に無駄に捨てられてしまうのだ。

汚水処理の悩み

下水ほど不愉快なイメージを持つ廃棄物はないだろう。誰もが下水の臭いに悩まされたくないと思っている。近代的な下水道ができる以前、人々は汚物をさまざまなやり方で捨てていた。家から離れたところに捨てる（時には窓から捨てるだけということもあった）、土に埋める、家の下に汚物溜めを作る、池や沼に捨てる、時には飲み水を汲む川の上流に流してしまうこともあった。

19世紀の終わりになって、ようやく人々は衛生と健康との関係に気づき、これがきっかけとなり、より進んだ下水処理システムを作り始めた。技術者たちは、豪雨であふれた水をパイプで川に逃がしているのを見て、汚水も同じようにすれば楽に処理できると考えた。しかし、問題はこれで解決しなかった。人家に近い川に汚水を流した場合には、しばしば看過できないような問題を引き起こしてしまう。１８５８年の「ロンドンの大悪臭」が起こった時は、テームズ河に流出した汚水の臭気があまりにもひどく、イギリスの下院議会が中断してしまった。[*47] こうした汚水の問題によって、大雨の時に雨水を汚水と一緒に処理する大規模な下水処理場が建設されるようになる。

＊47 Ponting, C. A Green History of the World: The Environment and the Collapse of Great Civilizations. Penguin Books. (1991) p.355　邦訳『緑の世界史』クライブ・ポンティング著、石弘之、京都大学環境史研究会訳、朝日新聞社、朝日選書、１９９４年。

生物処理から化学処理へ

初期の下水処理場の役割は、主に人間の排泄物など、生物性の汚水を処理することだった。汚物の処理には、微生物や細菌が汚物を消化するのを利用する方式が考えられた。生物処理によってできた沈殿物は、汚泥として取り除けばよく、残る液体はただの水だけになる。しかし、下水の量は増え続け、生物処理だけでは間に合わなくなり、塩素処理のような強力な化学処理が加わるようになった。

同時に、下水処理や水の生態系のことなどが考慮されていないデザインの家庭用品が市場に出回るようになる。そして人々は生物性の廃水以外にも、ペンキ、配管の詰まりを除く劇薬、漂白剤、シンナー、マニキュアの除光液など、さまざまなものを下水路に流すようになっていき、抗生物質や経口避妊薬のエストロゲンさえもが下水に含まれるようになってしまったのである。

今日、下水には家庭廃水に工場から出る廃水や洗浄剤、化学薬品が加わって、非常に複雑な化合物と生物質の混合した汚水となっている。それにもかかわらず、昔と変わらず下水という同じ名で呼ばれているのだ。現在バスルームなどでよく使われる、抗菌性石鹸のような製品は、一見、好ましい印象を与えるが、実は微生物の作用に頼る処理システムにとっては問題である。これに抗生物質や他の抗菌性成分が加わると、非常に抵抗性の強いスーパーバクテリアを生み出すことになりかねないからだ。

混乱する生態系

最近の調査では、「処理後」下水が流れ込む水域で、ホルモンや内分泌攪乱物質、その他の危険な混合物が検出されている。これらの物質は、自然のシステムや飲料水を汚染する。また、すでに述べたように、水棲生物や陸上の動物の突然変異の原因となり得るのだ。

なぜこのようなことが起きるのだろうか――。

理由の一つは、下水パイプそのものが、生物学的システムを考慮して作られていないことにある。例えば、パイプの材質やコーティング剤に有害物質が含まれていると、パイプ自体やパイプのコーティングが劣化したときに、それらの有害物質が処理後下水を汚染してしまうこともあり得る。これでは下水汚泥を肥料として再利用しようという試みも、土壌の汚染を恐れる農家からは拒否されてしまう。

下水を自然環境に戻すシステムをデザインするときには、処理システムに持ち込まれたすべてのものが、生態系にとって栄養分となるようにデザインされなければならない。例えば、リン酸塩は世界中で農作物の肥料として利用されている。一般的に肥料に使われるリン酸塩は採掘した岩石から抽出されるが、この方法は環境にとって非常に有害である。しかし、リン酸塩は下水の汚泥や、その他の有機性のゴミからも発生するのだ。事実、ヨーロッパでは埋立地に捨てられる下水汚泥から生じるリン酸塩の量のほうが、中国で生態系に甚大な被害を与えながら採掘されるリン鉱石に含まれている量よりも、はるかに多いのである。このようなリン酸塩を汚泥として捨てずに、安全に回収するシステムをデザインできないものだろうか。

再生型システムをデザインせよ

産業、産業デザイン、環境保護、その他の関連分野にかかわる人々は、よく製品の「ライフサイクル」という言葉を使う。もちろん「ライフ」といっても、本当に生きている製品はまれだ。しかし、人という生き物は、自らの生命力や死を、ある意味で製品に投影しようとする。

製品は人にとって家族のようなものである。自分と共に生きる、自分だけのものであって欲しいと考える。人に墓地があるように、製品にも墓地があってしかるべきだとさえ考える。また、人は自分は強く特別な存在であることを好む。そのために、何かを買う時も、新製品や未使用の素材でできているものを好む。したがって、買ったばかりの新製品の梱包を開けるのは、野に咲く花を摘むような感じにさせられる。

この時、人は「この製品は自分だけのためにある、自分だけのもの。最初に使うのも自分、最後に捨てると決めるのも自分」だと考える。製品を作る企業もこのような考え方のもとに製品を企画し、デザインする。確かに自分は特別な人間でありたいとか、個性的でありたいと思う気持ちが大切なことはよく分かる。しかし、物については、他人と同じものを持つこと、一つの物を他人と共有することを、むしろ楽しんでもよいのではなかろうか。そして、それがたとえ「特別で、この世に一つしかないような製品」であっても、場合によっては、それを使う喜びを皆で分かち合うべきなのではないか。

我々は、時々こう考える。もし、個人よりもコミュニティを重んじるような文化、「ゆりかごから墓場へ」という死生観ではなく、魂の再生を信じるような文化から産業革命が始まっていたならば、どのような世の中になっていただろうかと――。

ゴミの概念をなくす

「ゴミは存在しない」が前提

我々は、物質（地球）とエネルギー（太陽）という二つの必須の要素を持つデザインの枠組みの中で生きている。地球という惑星のシステムに出入りするものは、熱と隕石くらいであり、そこに生きている我々にとって、地球は閉鎖されたシステムと考えてよい。そしてこのシステムを支える基本的な要素は、有限かつ貴重なものである。我々にとっても自然に存在するものが、持てるすべてなのだ。そして、人間が作り出すものは「どこにも」消え去ることはない。

人間によるシステムが地球の生物を汚染し、金属など我々にとって工業の素材となるものを、再利用できない形で捨て続ければ、いずれ我々は極めて制限された生活を強いられるようになってしまう。その時、生産と消費は抑制されるようになるが、それでも、やがて地球は「墓場」と化していくはずだ。

人間が真に繁栄するためには、「ゆりかごからゆりかごへ」という非常に効果的な、自然界の栄養分の流れと代謝のシステムを学ぶ必要がある。そこでは「ゴミ」という概念は存在しない。

ゴミの概念をなくすということは、最初からゴミは存在しないという考えのもとに、製品やパッケージ、システムなどをデザインすることである。それは、素材に含まれる大切な栄養分が、製品デザインを決定するということなのだ。そのために形態は機能に従うのではなく、進化に従うことになる。筆者らは、この考え方のほうが、従来のものづくりに対する考え方よりも健全であると考える。

代謝システムを知る

この地球には二つの異なる代謝システムがある。

一つは、生物的代謝あるいはバイオスフィアと呼ばれる自然界の循環である。もう一つは、技術的代謝あるいはテクノスフィアと呼ばれる産業界の循環である。しかし、テクノスフィアはただ循環するだけでなく、自然界から産業界が必要とする物質を収穫する。ただし、デザインさえ適切であれば、産業界が生み出すすべての製品と物質は、自然界、産業界どちらの代謝も養い、新しい物を生み出す栄養分を供給することができる。

製品は生物的代謝の栄養分となるよう、生分解する素材で作られるか、産業界にとっての貴重な栄養分として、閉鎖循環する技術的代謝内にとどまり、常に循環し続けるように、人工的な素材で作られるかのどちらかにならねばならない。二つの世界の代謝が健全に物質の価値を維持し、二つの世界が繁栄し続けるためには、お互いが汚染し合うことのないよう、細心の注意を払う必要がある。

自然界の生物的代謝には、蓄積されて生物にダメージを起こす突然変異原、発ガン性物質、分解されにくい毒物などを持ち込んではならない。こうしたものの中には、技術的代謝においては安全に扱うことができるものもあるのだ。平行して、技術的代謝の中に生物的栄養分を持ち込んではならない。なぜなら、生物圏にとっての栄養分が失われることになるからだ。生物的栄養分が人工的な素材に混ざり込めば、その品質を落とし、人工的素材の回収や再利用を複雑なものにしてしまうこともある。

生物的代謝

「生物栄養分」とは、生物的代謝に戻されるようにデザインされたものであり、文字どおり、土中の微生物やほかの動物にとっての食物となる。都市が排出する固形ゴミの約50パーセントを占めるパッケージのほとんどは、生物栄養分、つまり「消費型製品(products of consumption)」と呼ぶものとしてデザインすることが可能だ。*48 こうした製品には、使用後、地面や堆肥の山に廃棄しても、安全に生分解する素材を用いるのである。現在、シャンプーのボトルや歯磨き粉のチューブ、ヨーグルトやアイスクリームのカップ、ジュースの容器などは、中身より何十年、物によっては何百年も長持ちする素材でできている。しかし、本当はそうでなければならない理由などないのである。

このような不必要に長持ちするパッケージをダウンサイクルしたり、埋立地に捨てたりすることによって、人や社会がわずらわされる必要が、どうしてあるのだろうか。生分解するパッケージなら、安全に分解されたのち、それを回収すれば肥料として土に栄養素を返せるのだ。靴底を生分解性にすれば、すり減るごとに環境を豊かにできるではないか。石鹸その他の液体洗剤も生分解性にできる。そうすれば下水を流れた後、湿地帯を通り、湖や川に流れても、生態系のバランスを崩すことはない。

《美しさと環境に配慮した布地の開発》

筆者らは1990年代初めに、スチールケース社の子会社であるデザイン・テックス社の依頼で、スイスにある繊維会社のローナー社と協力して、生分解性の椅子用の布地を考案・製作した。この時、我々に与えられた課題は、これまでにない美しさを持ち、しかも

ローナー社の外観はスイスの街なみに溶けこんでいる
© www. climatex. com

環境に配慮した布地を開発することであった。

　当初、デザイン・テックス社は、綿にPET（ポリエチレンテレフタル酸）繊維を加えて、布地を作ってみてはどうかと提案してきた。PETはリサイクルされた清涼飲料水のボトルから作り出すことができる。彼らは「自然な」素材と「リサイクルされた」素材を組み合わせるというのは素晴らしアイデアであり、これ以外にもっと環境に良い方法などないだろう考えていた。似たようなハイブリッド素材は、すでに豊富にあって市場でも試されており、丈夫で安価であるという利点のあることが分かっていた。

　しかし我々が、この新素材が長期的にどのような結果を生むかを検討したところ、懸念すべき問題点があることが分かった。まず、椅子に張られた布地は、使われるうちに擦り切れていくので、このとき出る細かい粒子を、人が吸い込んだり、飲み込んだりする可能性を考慮しなければならない。なぜならば、ＰＥＴには合成染料や化学薬品など、吸い込んだり食べたりすると問題がある成分が含まれているからだ。また、この繊維は一度使い終わった後には、技術的栄養分としても生物的栄養分としても、有益に存在し続けることができないことが分かった。ＰＥＴは安全に土に還せないし、綿は技術的循環の中では再利用できない。つまりこの組み合わせは、埋立地のゴミを増やすだけでなく、それ以外にも危険な可能性を持った、新たなハイブリッドの怪物を生み出すことになるのだ。このようなものには、生産する価値はない。

《コンセプトは「人が食べても安全」》

我々はクライアントに、生物的代謝か、技術的代謝のどちらかの一部となるような製品を作るべきだと主張し、その理由を説明した。やがて我々とクライアントは、何に挑戦するべきかについてのコンセプトが一致し、人が食べても大丈夫なくらい安全な繊維をデザインしようということになった。そのような繊維であれば、人が吸い込んでも安全で、捨てた後に自然に害も与えない。それどころか、生物的栄養分として、自然を潤してくれるはずだからである。

この繊維の生産に選ばれた織物工場は、環境基準を満たした、清潔なヨーロッパでも有数の工場だった。ただ、この工場は当時深刻なジレンマを抱えていた。工場長のアルビン・ケイリンは、長年危険な排出物を極力減らすよう努力していた。ところがある時、政府の取締官がこの工場から出る繊維の切り屑《くず》が、有害廃棄物であると判断したのだ。そして、スイス内で埋めたり、有害廃棄物用焼却炉で燃やすことはできないので、廃棄するにはスペインへ輸出しなければならないと言われたのである。

ここには矛盾が存在している。つまり、一方では繊維の切り屑を埋めることができず、費用をかけ、細心の注意を払うことなしには処分できない。そうでなければ別の国へ、「安全に」輸出しなければならない。ところが他方では、製品用の布地を、事務所や家庭で使用しても安全なものとして使われ、その製品を売ることができてしまう。

筆者らは、自分たちが生み出すことになる切り屑がこのような運命をたどらないようにしなければいけないと考えた。そこで、使用する繊維が太陽と水、そして空腹の微生物の力によって、敷き藁《わら》となり、地元の園芸クラブに使ってもらえるようにしようと考えた。

一方、工場のスタッフは、車椅子で生活している人々へインタビューすることによって、椅子の繊維にもっとも求められている特性は、丈夫さと、繊維が「息をする」ことだということを突き止めた。そこで我々は、農薬を使用していない安全な植物繊維と動物繊維との混紡を材料として使用することに決めた。植物繊維には除湿効果がある麻の一種のラミー、動物繊維には夏にも冬にも断熱効果を発揮する羊毛を採用した。この組み合わせなら、強くて心地よい布地にすることができるからだ。

一番難しかった問題は、仕上げ剤や染料、その他処理用の化学薬品についてだった。変異原性物質や発ガン性物質、内分泌攪乱物質、難分解性の毒物、生体蓄積性物質などを、工程の最後で取り除くのではなく、初めから使わないようにした。このようにして、単に無害な繊維をデザインするのではなく、自然にとって栄養分となる布地を開発していったのである。

ところが、60社の化学薬品会社が我々のプロジェクトへ参加することを断ってきた。理由は、彼らの持っている薬品についての情報が、安全性検査のために外部に漏れることを快く思わなかったからである。それでもようやく、ヨーロッパのある会社が参加に応じてくれた。その会社の協力で、繊維業界でよく使われている約８０００種類もの化学薬品が、候補から排除された。しかしそうすることで添加剤などを使う必要もなくなっていった。例えば、ある染料の使用をやめたことで、紫外線による色褪せを防ぐために添加していた毒性のある薬品を使う必要がなくなった。

我々はポジティブな品質特性を持つ薬品を探した結果、残ったのはわずか38種類の薬品だけであった。それでもこれらの薬品だけで、我々は繊維の製造ラインをすべて完成させることができた。一見、多くの費用と手間のかかるように見えるリサーチであったが、これによっていくつもの問題が解決され、いままでより高品質で、しかも経済的な製品を生むことができ、本格的に生産されるようになったのである。

後になって工場長が話してくれたのだが、国の検査官たちが工場廃水の定期検査に来た際、彼らは測定機器が壊れたのかと思ったそうだ。公害物質をまったく検知できなかったからである。そもそも工場に入ってくる上水に含まれているはずの物質でさえも、廃水からは検知されなかったのである。器具が壊れていないことを確かめるために、彼らは町の上水道の水を測定した。すると測定機器はちゃんと機能していた。ただ、この工場から出て行く水だけは、すべての測定値において、入ってくる水と同じくらいというよりは、それ以上にきれいなのである。工場の廃水が上水よりきれいなら、いっそのことその廃水を上水として使えるはずである。排水はただであるし、それを循環利用するシステムを構築してしまえば、維持する努力や何かを新しく付け加える必要もなくなる。

《自然の営みと同等の生産性》

我々の新しい生産デザインは、従来の環境問題に対する対策（削減・再利用・リサイクル）をとる必要をなくし、法規制の必要性すらなくなるものである。このようなデザインであれば、どんな企業であってもその価値を認めざるを得ないはずだ。

この製造プロセスには、さらに有益な二次的効果があった。以前は危険な化学薬品の収納に確保していた部屋を、従業員たちがレクリエーションの場や、さらなる作業場として利用し始めたのである。規制に対してのさまざまな書類作成の仕事も省けた。作業場で有毒物質から身を守るために手袋やマスクをする必要もなくなった。この工場の生産はあまりにもうまくいったために、新たな問題を抱えるようになった。それは利益が出すぎるという、どんなビジネスマンでも羨むような問題である。

この布地は生物的栄養分として、自然の営みと同じような生産性を発揮してくれる。消費者は、椅子を使用し終わったら、布地を切り離し、そのまま土中や堆肥の山に捨てることができる。このとき、罪の意識を感じることはなく、むしろ一種の楽しみさえ感じるかもしれない。ものを捨てることを楽しくすることは可能なのだ。そして、自然に対して、罪悪感を覚える必要のない贈り物をすることは、このうえない喜びとなるはずである。

＊48 Butzel, K. Packaging's Bad "Wrap". Ecological Critique and Objectives in Design .3:3, (1994) p.101

技術的代謝

「技術的栄養分」とは、技術的代謝によって生まれ、技術的循環をめぐり、再び技術的代謝によって吸収されるようデザインされた材料や製品のことである。例えば、我々の分析によれば、通常テレビは４３６０種類の化学物質でできている。そのうちのいくつかは有毒性であるが、その他は産業にとって大切な栄養分であり、テレビが埋立地に捨てられてしまえば、それらが無駄になってしまう。

技術的栄養分を生物的栄養分から分けることができれば、それはリサイクルではなく

「アップサイクル」となり、技術的循環の中で、高い品質を維持することが可能になる。例えば、丈夫なプラスチックのコンピューターケースは、植木鉢や防音壁として「ダウンサイクル」されるのではなく、コンピューターケースとして、そうでなければ自動車部品や医療機器のような、高品質の製品となって永遠に生まれ変わり続けることになる。

《アップサイクルの実践》

ヘンリー・フォードは、一種の初期的なアップサイクルを実行している。彼は、「A型モデル」のトラックを運送するのに用いた外箱を、自動車のフロアボード（床板）として使用したのだった。

我々も控えめながら、アップサイクルの実践に着手している。ヨーロッパにステレオや電子パーツを輸出する際に、韓国米の「もみ殻」をパッキングとして使う。目的地に到着すると、もみ殻はレンガを作る材料となる。米のもみ殻にはシリカが多く含まれているからだ。包装材に用いられるもみ殻には毒性もない。もし、リサイクルされた新聞紙などをパッキングとして使うと、それに有毒インクなどが使用されていた場合には、室内空気を汚染する可能性がある。当然、もみ殻の運送費自体は電子部品の運送費に含まれてしまっているので、ただでレンガの材料を輸送していることにもなる。そして何よりも、ゴミが一切生まれないのである。

産業材料は、何度でも高品質を維持しつつ、再利用できるように、デザインすることができるはずである。現在、自動車は廃棄されると、その車体用スチールは自動車のほかのスチール部分や、他の製品のスチール合金などと一緒に丸ごとつぶされ、プレス処理され、混合材としてリサイクルされる。これでは車体に用いられた延性の高いスチールやステンレス・スチールは、くず鉄やその他の物質と一緒くたに溶解されるため、再生されたスチールの品質は低下して、将来の用途が極端に限定されてしまう。当然、二度と自動車のボディには使用できなくなる。ケーブルに含まれる銅も、ほかのものと一緒に溶かされて、単一の混合材となってしまうので、再び銅ケーブルなどに用途を特定して使うことができなくなる。

しかし、自動車のデザインを工夫すれば、アメリカ先住民がバッファローを舌からしっぽまで利用したように、解体後に、すべての部分を最大限に利用できるようになるはずなのだ。解体処理のやり方にしても、金属は同種類の金属のみと溶解するようにすれば、高い品質が保たれる。プラスチックについても同様である

「サービス」という栄養分

ここで述べたようなシナリオが具体化されるには、技術的栄養分と連動するもう一つの概念が理解される必要がある。それは、「サービス製品（product of service)」というも

のだ。
この概念では、製品を「消費者」によって購入され、所有されて、捨てられるものとはみなさない。そして、貴重な技術的栄養分を含むような製品（自動車、テレビ、カーペット、コンピュータ、冷蔵庫など）は、人々が享受したいと望む「サービス」であると再認識する。そして利用者（この場合、消費者とは呼ばない）は、このような製品の持つサービスを「利用期間」の分だけ、購入するのだと考える。例えば、テレビそのものを購入するのではなく、「テレビを1万時間視聴する」というサービスを購入するわけだ。利用者は、寿命を終えると使い道のなくなる複雑な素材に対して代金を払うのではない。そして製品を使い終えたら、ただ新しいバージョンにアップグレードすればよいのである。メーカーは新製品と引き換えに古い製品を回収し、解体してその複雑なパーツを新製品の製造に利用する。顧客は製品の持つサービス機能を必要な期間だけ利用し、しかも何回アップグレードしてもよい。メーカーは、自社の製品素材を保有し続け、成長し、新製品開発を継続できるのである。

何年か前に、我々はある化学薬品会社とともに「溶剤レンタル」[*49]というコンセプトに取り組んだことがある。溶剤とは、例えば、機械部品などから潤滑油を取り除く化学薬品のことである。通常、企業は地球の反対側から取り寄せてでも、一番安い脱脂用溶剤を購入する。使用済みの溶剤は、蒸発させるか下水処理場で処理する。これに対して、溶剤レンタルのビジネスでは、溶剤を販売するのではなく、クライアントに高品質の溶剤を提供し、使用後の溶剤を回収し、溶剤と潤滑油を分離して再利用するのである。

この方式であれば、クライアントにとっては高品質の溶剤を使用できるという魅力があり、メーカーにとっては、自社製品だけを再利用することができる。さらには、有毒物質を廃水から隔離することも可能になる。ダウ・ケミカル社は、ヨーロッパでこのコンセプトを実験的に導入しており、デュポン社も積極的に、この考え方を取り入れようとしている。

サービス製品というものは、産業界に素材を自分たちの財産とみなすという、すばらしいヒントを与えてくれる。例えば、従来なら、カーペットを購入した場合には、使い終わると、それを撤去するためにまた費用を支払わなければならない。その時点において、この素材は所有者にとって資産ではなく、負債である。そのカーペットが石油化学製品であれば、潜在的に有害物質の塊であるから、埋立地に運び込まなければならない。

この直線的な「ゆりかごから墓場」型のライフサイクルは、人と産業の双方にとって不利益な結果をもたらす。メーカーは、カーペットの製造に費やしたエネルギーと努力と素材を、顧客が購入した時点で失うことになる。これはカーペット業界にとっての潜在的栄養分が毎年、何百万キログラムも無駄にされ、新しい原料を常に補給しなければならないことを意味する。顧客にとっては、カーペットを買い替えるたびに不便が生じ、経済的にも負担となる。なぜなら、古いカーペットを処理するのに手間ひまや費用がかかれば、その分新製品の値段が高くつくことになるからだ。そして、環境を思いやる人にとっては、古いものを捨てて新製品を買うのに、罪悪感まで背負うことになる。

＊49 マイケルはこのコンセプトを1986年に提案している。しかし、まだ完成したものではないことを注意したい。この本の出版時では、このコンセプトを取り入れた会社で溶剤を技術的栄養素として完全に再生した会社はまだない。

「エコ・リース」というコンセプト

我々のサービス製品、あるいは「エコ・リース」のコンセプトを最初に受け入れた業界の一つはカーペットメーカーだったが、今のところは製品をリースするという部分だけを従来型の製品に適用するにとどまっている。リースされるのは業務用カーペットで、普通、ナイロン繊維の表地と、グラスファイバーとPVC（ポリ塩化ビニル）の裏地でできている。製品の寿命がくると、メーカーはこれをダウンサイクルする。すなわち、表地のナイロン素材はいくらか削り取って再利用するが、その他の部分はまとめて「スープ」として捨ててしまう。あるいは、カーペット全部を切り刻んで溶かし、カーペットの裏地として再使用する。

いずれにしても、カーペットは最初からリサイクルを考えてデザインされていないので、必ずしも適さない用途に無理をして再利用されることになる。しかし、完全に工業的資源となるようデザインされたカーペットならば、素材は安全なもので、使用後には、新品のカーペット用として、ふさわしい素材に戻すことができる。

顧客にとってのレンタル料も、カーペット自体を買うよりもぐっと安くなるはずだ。筆者らは丈夫な裏地と、取り外しのきく表地を組み合わせたカーペットを考えている。顧客がカーペットを取り替えたくなったら、メーカーは表地だけを取り外し、新しい表地を好みに応じて取り付け、古い表地は工場に持ち帰って、新しいカーペットの素材として使用する。

このような方式であれば、人々はいつでも罪悪感なしに新製品を手に入れることができ、企業側も大手を振って、それを勧めることができる。作る側、利用する側の双方が技術的代謝を支えているからである。

自動車メーカーであれば、技術的栄養分を取り戻すために、消費者から古い車を回収する努力を進んでするようになるだろう。もはや、顧客が買った車に乗って去っていく時、技術的素材に別れの手を振ることはなくなる。そしてディーラーも自動車会社も、何十年にもわたって顧客のクオリィテイ・オブ・ライフを高める、長く貴重な関係を築いていくようになるのだ。やがては、自動車産業は新たに自然界から資源を奪うことなく、自分たちの技術的栄養分だけで繁栄していくことができるようになるだろう。

サービス製品としてデザインするということは、製品を解体できるように作ることである。自然にならえば、工業製品に必要以上の耐久性をもたせる必要はないのだ。現在の多くの製品の耐久性というのは、人を何世代にもわたって支配するようなものである。私たちは今持っているものを、できるだけ長持ちさせたいと思うだろうが、それを受け継ぐ将来の世代はどうだろう。彼らの生命、自由、幸福を求める権利、物やエネルギーの豊さを享受する権利はどうなるのだろうか――。

メーカーはメーカーで、自分たちの生み出す製品に含まれる危険な物質を長期にわたって保存する責任と、安全性の保障のもとに再利用しなければならない義務に悩まされている。こうした問題は、我々にまったく危険な物質を含まないように、製品のデザインを進化させていこうと動機づけるに十分なはずだ。

「サービス製品」「エコ・リース」といった概念に基づくシステムをフルに活用することには、三重の利点がある。まず第一に、使い道のない危険な廃棄物は出なくなる。第二に、長期的には、メーカーが何十億ドルにも相当する大切な材料を節約できる。

そして第三に、栄養分は常に循環しているので、原材料の採掘・採取を極力少なくできる。また、PVCのような破壊的な可能性のある物質を製造する量を減らし、やがては無くしてしまえるので、メーカーはさらに経費を節約でき、環境には多大な恩恵がもたらされる。

製品の中には、すでに生物的または技術的栄養分となるようデザインされているものもある。しかし、多くの製品は、今のところどちらの栄養分とも分類できず、潜在的に危険な状態にある。さらに、使い方によっては、どちらか一方のみのサイクルに属するよう限定できない製品もある。こうした製品には特別な配慮が必要であることはいうまでもない。

「変化の時」が来ている

製品によっては、現時点では「ハイブリッドの怪物」としてしか存在し得ないものもある。そのような製品を、生物的代謝・技術的代謝のどちらにとっても有益な結果をもたらすようにデザインし、マーケティングするには、かなりの工夫が必要である。例えば、多くの人が履いている運動靴のデザインのもたらす、思いもよらない負の遺産について考えてみよう。散歩やジョギングは健康のためによいものだ。しかし、運動靴で地面を踏むたびに、靴底の材質に含まれている催奇系物質や発ガン性物質の粒子が空気中に散ってしまう。この粒子が呼吸などを通して体内に取り込まれれば、繁殖能力や細胞の酸化特性を抑制してしまう恐れがある。そして雨が降れば、こうした粒子は、水と一緒に道端の植物に取り込まれたり、土の中に吸収されてしまう。

さらに、最近では、運動靴の靴底に、クッションとして特殊なガスを充填した気泡が入っているものもある。こうしたガスの中には、地球温暖化の要因となるものがあることが、最近の研究で分かってきている。つまり、健康のためのジョギングやウォーキングが、気候の変動に貢献しているかもしれないのだ。

「運動靴」はデザインを変えれば、靴底を生物的栄養分の素材にすることが可能だ。そうすれば、土を踏むたびに生物的代謝に害を与えるのではなく、栄養分を与えることになる。ただし、靴の上部が技術的栄養分となる素材でできているのなら、靴底から簡単に外せるようにデザインし、それをメーカーが回収できるような工夫が必要だ。こうすれば両方の代謝で運動靴は安全に循環するようになる。さらに、一流スポーツ選手から技術的栄養分を回収し、そのことを宣伝すれば、そのスポーツ用品メーカーは他社よりも、よい企業イメージを得ることができる。

有害物質を含むため、生物的代謝・技術的代謝のどちらにも当てはまらない素材もある。我々はこのような素材を、「市場性を欠く物質」と呼ぶ。こうした素材から有害物質を取り除く技術ができるか、そのような素材なしでやっていけるようになるまでは、その素材の扱いには工夫が必要である。

まず、素材は安全な収納施設に保管する。これを製造者が自ら管理してもよいし、保管料を払って専門の業者に委託するのもよいだろう。そして、現在出回っている市場性を欠くものは回収し、有毒物質を除去するか、それらの物質を無毒化する技術が実用化するまでは、隔離保管しておくのだ。放射性廃棄物は、それ自体が市場性を欠くものである。危険な成分を含むＰＶＣなどの素材も、市場性を欠いているとみなさなければならない。

こうした物質は焼却炉や埋立地で処理するのではなく、将来、コスト効率のよい解毒技術ができるまでは、安全に隔離保管して置くべきなのだ。

現在の製造法では、アンチモンを含むペット（ＰＥＴ）もやはり市場性を欠くものである。技術に工夫を凝らせば、ＰＥＴを含む清涼飲料のボトルなどは、残留するアンチモンを取り除き、きれいなポリマーとして安全に再利用できるようになるかもしれない。

企業は、「段階的一掃」を行うことで、現在の廃棄物の流れの中に存在する市場性を欠く、問題のある廃棄物や栄養分を取り除いて行くことができるはずだ。市場に出回っているある種のポリエステルは、回収してやっかいなアンチモンを取り除くことは今すぐ可能だ。このほうが、アンチモンを布地の中に含まれたままにしておくよりはましなはずである。何もしなければ布地はやがては捨てられるか、燃やされることになる。そして、アンチモンは自然のシステムや栄養分の流れに入り込んでしまう。

「ハイブリッドの怪物」のなかには、回収して素材を分離してしまえるものもあるのだ。ある種の綿とポリエステルの混紡は、まず綿の部分を堆肥化し、その後にポリエステルを工業的サイクルに戻すことができる。靴のメーカーであれば、クロムは靴から回収可能である。また、企業によっては埋立地からテレビや、その他のサービス製品の部品を回収できるはずだ。このような転換を成功させるには、各業界内にリーダーシップの存在と創造性が必要となる。

現在ある製品を製造してきた企業は、今日議論されているさまざまな問題について罪悪感を持つべきであろうか――。そうかもしれないし、そうでないかもしれない。しかし、そんなことは問題ではないのだ。「愚行」とは、違う結果になることを期待して同じことを何回も繰り返すこととされている。「怠慢」とは、危険だ、間違っている、愚かだと分かっていて、同じことを繰り返すことである。我々は「変化の時」が来ていることは分かっている。それゆえ、これ以上現実から目をそむけているわけにはいかないのである。

◇**ウィリアム・クロノン**…William Cronon (1954～) アメリカの歴史学者・地理学者、環境学者。アメリカの環境史・西部の歴史の研究者。主な著作に『変貌する大地―インディアンと植民者の環境史 Changes in the Land: Indians, Colonists, and the Ecology of New England　邦訳１９９５年、佐野敏行、藤田真理子訳、勁草書房』がある。

あなたがたが天然資源と呼ぶものは、
我々にとっては親戚のようなものだ

オノンダガ族の導師、オレン・ライオンズ

第5章
サスティナビリティーの基本

C2C
Cradle to Cradle

ギリシア神話には、ヘレンの息子、ポセイドンの息子、ヒッポテスの息子の３人のアイオロスが登場する。ヒッポテスの息子のアイオロスは「オデュッセイア」の中で風の神たちを束ねる存在として描かれ、オデュッセウスはアイオロスが悪い風を袋に詰めてくれたおかげで無事故郷に帰れそうになるが、部下が袋を開けてしまったためにアイオロスの住む島に押し返されてしまう（本文参照）

多様性の尊重

自然界の基本

この地球にどのようにして「生命」が誕生したかを想像してみよう。初めは物質としての岩石と水だけがあった。そこに太陽からエネルギーとして熱と光が降り注ぐ――。これが何億年も続くなかで、いまだ科学が解明し尽くせない化学的・物理的プロセスによって、単細胞のバクテリアが生まれた。このバクテリアたちの中に光合成を行い、その廃棄物として酸素を放出する藍色細菌へと進化したものが出現したときに、とてつもない変化が生じた。地球上の化学的・物理的な作用と太陽の物理的エネルギーが統合され、地球は、私たちの知る青緑色の惑星へと姿を変えていったのである。

生物システムは太陽からのエネルギーを利用するように進化し、地球の表面では爆発的に生命があふれ、網目のように多様な生命体や動植物が生まれる。その中から、何十億年かを経て、強力な宗教を生み出したり、不治の病の治療法を発見したり、偉大な詩を書くものが現れた。

仮に氷河期などの天変地異が起こったとしても、地球上から生物の営みが途絶えることはない。氷が溶けるにしたがって、生命は再び現れてくるのだ。熱帯地域では火山が噴火して周辺を灰が覆ってしまうこともある。しかし、ココナッツの実が浜辺に漂着したり、風に乗った胞子やクモが砕けた岩の上に落ち、そこから生命の網は再び広がる。

生命のプロセスは神秘的で、しかも奇跡的なほど頑固なものなのだ。空白ができると自然はそれを埋めようとして新たな生命が出現する。自然のデザインの基本は、より多様で、より多数であることだ。これが唯一のエネルギー源である太陽に対する地球の反応である。

均一化は「反進化」

この自然のデザインの枠組みの中で、現代人は「フリーサイズ戦略」とでもいうべき方法で環境に適応しようとしている。コンクリートやアスファルトを敷きつめ、森や砂漠、海岸湿地、密林など、人は自分たちを阻もうとするすべてを滅ぼしていく——。何十年、何百年もの間、独特な美しさや伝統的な特徴を保ち続けていた建物や町並みを、均一で個性のないものに変えてしまう。

かつて、さまざまな動植物に満ち溢れていた野生は減少しつつあり、多くの場所では極めて生命力の強い生き物、カラス、ゴキブリ、ネズミ、ハト、リスなどだけしか生息できなくなっている。庭があれば、ただ一種類の芝草のみを平たく植え、人工的に発育を促進させようとするのだが、その一方で、常に短く刈り込んでおこうとする。そして、その周りには手入れの行き届いた生垣や、極端に剪定された植木を植える。こうした単調さはどんどん広がって、その周囲にあるものの持つディテールを圧倒してしまう。人間はひたすら同じものの繰り返しだけを求めているかのようにも思える。

筆者らは人間の行う、こうした大規模な単純化を「反進化」(de-evolution)と呼んでいる。それは自然の生態系にのみ向けられているのではない。人間自身が何世紀にもわたって築きあげてきた多種多様な文化(食、言語、服飾、信仰、感情表現、芸術など)さえも、均一化という波で世界中から消し去りつつあるのだ。

この均一化の波に対して、筆者らは「多様性の尊重」という原則を押し進めるべきだと考えている。この多様性とは、生物の多様性だけでなく、風土や文化、願望やニーズといった、人間をユニークたらしめているものの多様性をも含む。例えば、砂漠の工場と熱帯の工場とでは、求められる快適さは違うはずだ。バリ人であるということ、メキシコ人であるということは、どういうことか。そしてそれをいかに表現するか。

元来その土地に生息していた動植物を殺したり追い出したりするのではなく、人間が開墾した土地に招き入れ、豊かに育むためにはどうすればよいか。自然の持つ多様なエネルギーの流れから、どのようにして利益と喜びを得ることができるか——。これまで述べてきたようなさまざまな問題について創造的で洗練された解決策を導き出すためには、自然の豊かで多様な物質と我々の持つ選択肢と行動力をどのように使えばよいのだろうか——。

順応する者は繁栄する

一般的な常識でいえば「最も強い者」が生き延びるのだとみなされている。強く、ぜいたく肉がなく、大きく、時には狡猾な者、すなわち競争に勝つ者が生き残ると考える。しかし、豊かで健全な自然のシステムのなかで、真に繁栄するのは「最も適した者」なのである。より良く適応しようとすることは、環境に対してエネルギーと物質のどちらの側面においても関わりを持つことを意味する。つまり、環境と相互依存関係を持つということである。

ここで再びアリ（蟻）のことを考えて欲しい。[*50]「アリ」というと、なにか一つのイメージが浮かぶかもしれない。しかし実際には、この地球には8000種類以上ものアリがいる。何百万年もかけて、アリはそれぞれの生息地に合わせて進化し、巣を築き、必要な栄養とエネルギーを確保できるようになった。

熱帯雨林では、一本の大きな木の根元に何百種類ものアリが共存していることがある。ハキリアリは木の葉を切って運ぶのにふさわしい下顎を持っている。ヒアリは腐食動物で、さまざまな大きさの獲物を集団で運ぶ方法を発達させている。ツムギアリは仲間を戦争に駆り出すときにフェロモンを使ってコミュニケーションを行う。アギトアリがバネのように閉まる強い顎を持つことは有名である。世界には単独で狩りをするアリやグループで狩りをするアリ、アブラムシを「家畜」として卵から育て、その甘い汁を絞り取るアリまでいる。驚くべき太陽熱の利用方法をするアリもいる。何百匹もの働きアリが森の地面で日光に当たり、その熱を身体に蓄えて巣に持ち帰るのだ。「最も適した者」であろうとするアリたちは、競合する他の生物を絶滅させることはない。むしろ、自分たちの「ニッチ」（生態学的地位）の中で、他の生物との競合を生産的な形で行うのである。ニッチとは、科学者たちが使う用語で、一つの種が生息に必要とする空間や環境要因のことである。

熱帯雨林の複雑な生態系を研究したジョン・ターボー◇は、その著書『多様性と熱帯雨林(Diversity and Tropical Rainforest)』の中で、10種類ものアリサザイ科の鳥が同じような虫を食べているにもかかわらず、熱帯雨林の同じ場所でどのように共存しているかについて説明している。[*51] 彼によれば、一種類は地面に近いところに棲み、中層には他の数種類が棲み、残りの種類は林冠（キャノピー）に棲んでいる。それぞれのエリアにおいてもさらに、アリサザイたちは種によって異なった場所で獲物を取る。同じ中層に生息するアリ

アカアリサザイ

クリボウシアリサザイ

クロズキンアリサザイ

ムナオビアリサザイ

サザイでも、ある種類は葉にいる虫を狙い、別の種類は枝に棲む虫を狙う。互いに他の種のニッチの餌には手を出さないのだ。

＊50 Hoyt, E. The Earth Dwellers. Simon & Schuster. (1996) pp. 211-213　邦訳『アリ王国の愉快な冒険』エリック・ホイト著、鈴木主税訳、角川春樹事務所、１９９７年。
＊51 Terborgh, J. Diversity and the Tropical Rain Forest. Scientific American Library. (1992) pp. 70-71

多様性は「タペストリー」

生態系の活力は関係性にある。それは異なる種間での関係や、自分に与えられた空間で、どのように物質やエネルギーの交換を行っているかなどを意味する。「多様性」を表すのに、タペストリー（絵画風の織物）というメタファー（隠喩）がよく使われる。[＊52]

つまり、さまざまな生き物が互いに関係し合う様は、あたかも、精緻な生きた織物のようなものだというわけである。この喩えの上では、多様性は強みであり、一様性は弱さとなる。糸を1本1本抜いていくと、生態系は安定性を失い、自然災害や病気への抵抗力が低下し、健やかに進化を続けることが難しくなる。多様であればあるほど、生態系にとって、地球にとっての生産的な機能が働くのである。

生態系に生きるどんな生物も、他の生物に依存している。すべての生物が生態系全体を維持するために何らかの役割を担っており、創造的かつもっとも効果的な方法で、生態系の繁栄に寄与している。例えば、ハキリアリは植物の葉を自分たちのキノコ農場の肥料としてリサイクルするが、これは同時に植物やミミズや微生物にとっての栄養分を、地中深くへ運び込むことにもなっている。アリが植物の根の周囲に巣穴を掘れば、土はやわらかく、空気を含むようになり、このおかげで水の浸透性が良くなる。木は水を浄化・発散し、酸素を作り出すことで、地球の表面温度を下げている。

このように各々の生物種が行う活動は、自分たちや周囲の環境だけでなく、地球全体にとっても意味を持っている。このために「ガイア仮説」は地球を一つの生物と考える。この仮説の支持者も含めた一部の人々は、世界全体が一つの巨大な生物であると考えている。

自然が我々にとってのモデルであるとすれば、人間の産業活動が自然という活気に満ちたタペストリーを維持し、豊かにするものであるためにはどのように考えたらよいのだろうか――。まず、個人的な活動に目を向ける必要がある。我々の活動は、自分たちのいる場所と豊かな関係が生まれるように営まなければならない。ただし、この関係とは単に周囲の生態系との関わりだけを意味するものではない。生物多様性というのは、多様性の一側面でしかないからだ。多様性を尊重する企業は自らを、周囲を取り巻く文化や環境とは関係のない自律的な存在であるとはみなさず、地域の物質やエネルギーの流れ、社会、文化、経済力と関わりを持とうとする。

＊52 Stevens, W. K. Lost Rivets and Threads, and Ecosystems Pulled Apart. The New York Times, 4th Jul. (2000)

相互依存性

分子レベルから地域レベルまで

サステイナビリティー（持続性）とは、政治と同じく地域的なものだと認識したとき、我々は、社会のシステムや企業活動を環境に適応させることができるようになる。それは我々のシステムや活動を、分子レベルから地域というマクロのレベルまで、その土地の資源やエネルギーの流れ、習慣、ニーズ、好みなどに合わせていくことである。例えば、化学薬品を用いる時には、それが水質や土壌を汚染する可能性がないかを考えるのではなく、いかに滋養を与えるかというように考えることだ。

- この製品は何から作られるのか、どんな環境で生産されるのか？
- 製品の生産過程は環境にどのように作用するのか？
- 生産過程の前後、つまり製品の材料の入手やマーケットに出た後の製品は環境にどのような影響を与えるのか？
- どのようにして新しい意義ある職業を創造するか？
- その地域の経済的・物理的健康状況をよくするにはどうしたらよいか？

◆いかに生物的・産業的資源を未来に残してゆくか？

加えて、遠方から原材料を輸入する場合には、輸入元の地域に何が起きるかにも注意を払わねばならない。筆者らは『ハノーバー原則』のなかで、次のように提言している。

「相互依存性を認識せよ。人間がデザインするものはすべて自然と深い結び付きがあり、自然に依存しており、幅広く多様な意味をあらゆるスケールにおいて持っているのである。デザインをするときには、幅広く考慮しなければならず、遠く離れた場所に与える影響も認識しなければならない」

「その土地に適したものは何か」から考える

1973年、ビルは大学の教授に同行してヨルダンに渡った。その目的は、ヨルダン渓谷東岸の将来について、長期的計画を立てることだった。具体的な課題は、政治的境界線によって遊牧生活が不可能となったベドウィン族が定住するための町の建設戦略である。

このとき別の参加チームは、ソ連式プレハブ住宅群の採用を提案していた。この様式はソビエト連邦と旧東欧圏で広く用いられたもので、シベリアからカスピ海周辺の砂漠にかけていたるところで見受けられた。彼らの案では、住宅のパーツをアンマン近くの高原にある工場地帯で製作し、険しい道をトラックで運んで現地で組み立てることになっていた。

一方、ビルたちのチームは「アドベ」（日干しレンガ）を使うことを提案した。アドベなら土と干草、馬、ラクダ、羊の毛などその土地でとれる素材と、何よりもヨルダン渓谷の豊かで強い日差しを利用して作ることができる。アドベは伝統的な建築材料で、暑く乾燥した気候によく適していた。建物の構造自体も、昼夜および年間の気温差を最大限に利用するようにデザインされた。例えば、夜は冷たい空気が壁や屋根を冷やし、砂漠の日中の暑さの中、室内の温度を抑えるようになっていた。

ビルたちは、建築が予定されている地域で、アドベの造り、アドベを用いたドーム形の家の建て方と修理の仕方を教えられる年長者の職人たちを探した。彼らに、テント育ちのベドウィンの若者を指導してもらおうと考えたのである。

「その土地に適したものは何か？」——。ビルたちがデザインを考える上で、この問いかけはあらゆるレベルでヒントとなった。そして、その答えは組み立て式の材料を使うことでも、ユニバーサル・モダン・スタイルで統一することでもなかった。

ビルのチームは、自分たちのプランがベドウィンたちの共同社会の質を、いくつかの点で高めることができると考えた。まず、住宅はその土地の素材で作られ、しかもそれは生物的にも技術的にも再利用できる。土地の素材と近隣の職人を雇うことによって、地域の経済を活性化させ、より多くの住民の生活を支えることが可能になる。新しいコミュニティーづくりに、その土地に昔から生活している人々も参加することになる。

しかも、彼らの持っている伝統文化を維持することができる。建物の独特な作り自体が、

ヨルダンと同じく中東にあるイエメン国境近くナジランにあるアドベ造りの建物

その土地の伝統文化を永続させることに一役買ってくれる。そして年老いた職人たちが、若者たちに地元の素材の利用法や技術を教えることで、世代間のつながりも保つことができるからである。

地元の素材を使う

地域におけるサステイナビリティーとは、何も物に限定されるものではない。とはいえ、まずはその土地に在る物について考えることからすべては始まる。例えば、その土地の素材を使えば、有益な地場産業への道が開ける。また、地元の物産を使えば、何かをある地域から別の地域に送る時に、意図せずして外来種も一緒に運んでしまい、敏感な生態系に悪影響を与えてしまう問題も防ぐことができる。

アメリカの栗の木を絶滅させてしまった栗の胴枯れ病は、中国から輸入された木材に紛れ込んでやってきた。そのため、アメリカ東部では主要な樹木だった栗が絶滅してしまい、それに伴って、栗と共進化してきた他の生物種までもが絶滅してしまった。

我々は物理的なものについてだけでなく、我々の行う物理的な活動が環境に与える影響についても考えなければならない。例えば筆者らがハーマン・ミラー工場で行ったように、周囲の環境を従来のように伐採によって、一方的に破壊してしまうのではなく、それとは反対に、地域種がそれまで以上に回復するような開発の仕方を考える必要がある。さらには、サステイナビリティーというものが、地域と地球全体の両方に関わることだと認識することが必要である。そうなれば、地域の水や空気を汚さないように、汚染物質を川の下流へと流したり、規制が緩やかな海外に輸出することも許されないと考えるようになる。

「ゴミ＝食物」型の汚水処理システム

その土地の物資を効果的に利用する究極の例は、人間が生み出すし尿を「ゴミ＝食物」という原則にも基づいて処理することだ。筆者らはバイオ・レメディエーションという、自然の持つ生物学的処理方法によって、し尿を分解・浄化する下水処理施設の開発に取り組んできた。これは強力な化学薬品を使う従来の下水処理にとって代わるものである。

生物学者のジョン・トッド◇は、これを「生きている機械」と呼んでいる。この処理法では、水を浄化するのに塩素などの化学薬品を使わず、その代わりに、植物、藻、魚、エビ、微生物などの有機体を利用する。「生きた機械」と言うと、温室の中に作られる人工的な環境のようなものを連想させるが、実際にはさまざまな形式がある。

　現在、我々のプロジェクトに取り入れているシステムのいくつかは、屋外に設置され、一年を通じてどんな天候の中でも機能するようにデザインされている。その他、人工湿地のようなものや、有害なラグーンに葦原を浮かべ、そこに取り付けられた小さな風車によって汚泥を循環させるものまである。

　開発途上国で、このような下水処理システムを用いれば、栄養分の流れを最大限に生かして、さまざまな問題を直ちに解決することができる。例えば熱帯地域では、急速な開発によって人口が増加し、排水とそれが流れ込む水域を浄化する必要が急増している。こうした地域で、汎用型デザインの汚水処理システムを採用しても、次第にまったく役に立たないものになってしまうので、それぞれの地域の多様な生活文化を活かした「ゴミ＝食べ物」型の汚水処理システムを開発することを、筆者らは奨励している。

　１９９２年、マイケルたちによって、ブラジルのリオにあるシルバ農園に、下水処理システムのモデルケースが開発され、操業がスタートした。このシステムでは、地元で作られた陶製のパイプを使って、居住区からの汚水は大きな貯水タンクに貯められ、そこから複雑につながった多数の小さな池へと流される。こうした池には驚くほど多様な植物や微生物、カタツムリ、魚、エビなどが住んでいる。汚水はシステムを流れてゆくうちに、こうした生物たちによって、そこに含まれる栄養分が回収され、副産物として安全な飲み水が得られるようにデザインされていた。操業開始後、しばらくすると、農民たちは、この浄化水と生分解されてできた汚泥をこぞって求めるようになった。この汚泥には窒素やリン、その他の農業に役立つ栄養素が含まれているからである。このようにして、汚水は負担どころか、その地域にとって大切な資源として扱われるようになったのである。

現在、我々が取り組んでいるインディアナ州のある町では、下水から抽出された固形の汚泥を冬の間、地下タンクにただ貯えておく。日差しが強く長い夏になると、この汚泥を屋外の庭園や人工湿地帯に移す。すると植物や微生物、菌類、カタツムリ、その他の生物が、太陽の力を借りて、汚泥から栄養分を取り出し利用する。

このようなバイオ・レメディエーション方式であれば、地域の特性に適合することができる。なぜなら季節に応じて、太陽熱の乏しい冬には無理に下水処理をせず、太陽光が豊富な時期に最大限に、それを活用するからである。この町ではバイオ・レメディエーションを活用することで、その土地の栄養分や植物を利用し、質の高い飲み水を地中に還し、美しい庭園を維持している。

今やこの町には何百万もの「下水処理プラント（plants＝植物）」が整備されていることになる。それは町の営みと、生物の多様性が結び付いた生きた実例と言える。

このプロジェクトの背景については、もう少し説明する必要がある。当初、この町に下

風車を利用した汚水処理システム
© www. pondmill. com

人工的な葦の浮島を利用した汚水処理
© www. raftedreedbeds. com. au

水処理場として適した場所が一箇所しかなかった。しかし、そこは町の周辺部に位置し、主幹ハイウェイのすぐ脇で、町の物流の上流だった。また、汚水の問題は地域住民だけに影響を与えていたので、住民は、流しに有害なもの捨てるとき、燃えるものと燃えないものを混ぜて処理することについては、ことさら気を使う必要があった。

　彼らにとって、自分たちの出す汚水の問題とは抽象的なものではなく、家族や身近にいる人々に直接関わるものだという、明確な認識があったということである。しかし、仮に下水処理場を「どこか別の場所に」設置することが可能であっても、人々はその処理場がすぐ隣にあるものと考えて、自分たちの行動を考える必要がある。なぜならば、地球規模で考えると、我々はどこいようと、何かの下流に住んでいるからだ。

自然のエネルギーの流れとの接点

「アイオロスの御技」

1830年代、ラルフ・ワルド・エマソンはアメリカからヨーロッパへと旅行をする際に、行きは帆船、帰りは汽船を利用している。言い換えると、行きは木製のリサイクル可能な船体に、太陽エネルギー（風の起きる主な理由の一つが太陽による温度差がある）を利用し、大空の下、伝統の技を駆使する職人によって操られる船での航海だったわけである。これに対して、帰りは、いずれ赤錆びた鉄バケツとなる船体に、暗いボイラー室で水夫が化石燃料をくべ続けることで動く船で、海には油を流し、空には煙を吐き出しながらの航海をしたことになる。エマソンは帰りの日記に「アイオロスの御技」、つまり風の力を感じることができないことを残念そうに書き残している。そして、このような変化が何を意味していているかについて思いをめぐらせている。このような変化の意味は、いくつかの点で彼を失望させたことだろう。

産業革命以降、人間は新しい技術と、化石燃料が生み出す野蛮な力によって、自然に対して前代未聞の支配力を持つようになった。もはや人は、自然にさほど振り回されることはなく、陸でも海でも自然の脅威に対して無力ではなくなった。自然に打ち勝ち、自分たちの目的を果たすことができるようになったのである。

しかし、この変化の中で大規模な断絶が生じた。現代の家や建物、工場、そして都市全体でさえもが、まるでエマソンの乗った汽船のように、自然のエネルギーの流れに対してあまりにも閉ざされたものになってしまっている。

人間にやさしい自然換気・自然採光

「家は住むための機械だ」——と言ったのは、近代建築の巨匠の一人、ル・コルビュジエである。彼は飛行機、車、穀物用サイロなどとともに汽船も賛美している。そうはいうものの、彼のデザインした建物には「自然換気」(cross-ventilation)をはじめ、人間にやさしい部分もあった。しかし、モダニズムが彼のメッセージを取り入れたとき、建築デザインは機械のように、画一化したものへと変化していった。室内と屋外をつなぐ冒険的な素材だったはずのガラスも、今では我々を、自然から隔てるために利用されている。人は太陽が照っている時でも蛍光灯の下で働くが、これは暗闇で働いているということなのだ。

そもそも建物は住むための機械のはずだったのに、今日では、そのような建物はほとんどなくなってしまった。(皮肉なことに、1998年のウォール・ストリート・ジャーナルに、「開く窓」のあるビルを、まるで最先端のビルであるかのごとく称賛した記事が載ったことがある。

ニューイングランドのソルトボックス
© Photo Collection Alexander Alland

しかし、これは近代商業建築史の汚点と言ってもよい）
　こうした近代建築と、西部開拓時代にアメリカのニューイングランド地方で一般的だったソルトボックスと呼ばれる家には大きな隔たりがある。ソルトボックスは、家の南側は背の高い壁になっていて、冬の日差しを最大限に取り入れるように、窓のほとんどはこの壁面に設けられていた。そして、南西側には、大きなカエデの木が植えられ、夏にはカエデの葉が日差しを遮るようになっていた。家の中心に据えられた暖炉と煙突が温もりをもたらし、北側の屋根を地面近くまで低く伸ばすことで、冬の強風に熱を奪われないようにもなっていた。家の北側には防風用に針葉樹の並木が植えられていた。このようにソルトボックスでは建物と周囲の木々が、一つのデザインとして総合的に機能していたのである。

風土に適した創意工夫に学ぶ

伝統的な窰洞（ヤオトン）
Ⓒ adam lane

パキスタンなどで見られる通風塔
Ⓒ Miguel Armengol

工業化以降、内燃機関の生み出す圧倒的な輝きのため、人々は風土に特有の生活物資や習慣と同じように、エネルギーの流れにも起源があることをつい忘れてしまう。しかし、まだ産業化の進んでいない地域では、目の前にあるエネルギーの流れを独特な方法で利用している。例えば、オーストラリア沿岸の先住民は、実に簡潔かつ優雅な方法で太陽熱を利用している。彼らは先が二股に分かれた2本の枝を地面に立て、上に1本の横棒を渡し、この横棒に木の皮を屋根瓦のように重ねてかぶせる。これを寒い季節には南側に置き、自分は暖かい北側に座る。夏には北側に移して太陽を遮り、自分は日陰に座る。彼らの「建物」はたった数本の木の枝と皮でできており、土地の環境に巧みに適応しているのである。

高温気候の地域では、住居内に通風をもたらすために、何千年も昔から通風塔（wind tower）が利用されてきた。パキスタンでは、煙突に「風受け（wind scoop)」がついており、それが文字どおり、受けた風を煙突の中に通すようになっている。煙突の中には小さな水溜まりが設けられていて、屋内に流れ込む風を冷却する。イランでは、通風塔の内側に常に水をしたたらせておく。空気は煙突の壁を伝う水で冷やされてから家の中に入る。インドのファテープル・シクリ（16世紀ムガール帝国の都。世界遺産である）では、多孔質の砂岩に、複雑な彫刻を施した間仕切りが用いられていた。当時はこれに水をたっぷりと滲み込ませて、空気を冷やしていたのだ。中国の黄土高原では、風や日差しを避けるため、人々は黄土を掘って地下住居で生活してきた。

しかし近代化により、大きな板ガラスや、化石燃料による安価で簡便な冷暖房法が普及すると、その土地特有の創意工夫は、産業化された地域から姿を消すだけでなく、地方においてさえ忘れ去られつつある。奇妙な話だが、プロの建築家は、古代建築とその建築様式の基礎になった原理を知らずにいる。

ビルが建築家たちに講義していたとき、「コンパスや地図を使わずに、太陽の位置から真南を探す方法を知っているか」と聞くと、手を挙げた者はほとんどいなかったそうだ。さらにおかしなことには、誰もその方法を教えて欲しいと聞きに来なかったそうだ。

自然のエネルギーの流れとの新たな関係

自分を自然の流れに結び付けることで、我々は発電所、エネルギー、住宅、輸送機関など、太陽の下にあるすべてのものを見直す機会が得られる。そして、そこから、古くからある技術と新しい技術が融合した、かつてない知的なデザインが生まれる。しかし、それは「独立」することを意味しているのではない。よくあるソーラー化のイメージは、「送電網から外れること」、すなわち、現在あるエネルギーの供給システムから独立することを連想させる。しかし、筆者らはこのようなことを示唆しているのではない。

まず、自然の流れとの新しい関係を築くにあたっては、段階的に進める必要があり、このとき既存のシステムを利用するのは合理的な移行対策と言える。よりよいシステムが開発され、実用可能になるまでは、化石燃料などの人工的なエネルギー源に、地域の再生可能なエネルギーの流れを加えた、ハイブリッド・システム・デザインを用いればよいのだ。太陽光、さらには風力や水力を、すでに運用中のエネルギー供給システムに導入すれば、人工的エネルギーへの需要負担を大幅に軽減し、加えて経費を削減することが可能になる。

しかし、これではエコ効率を高めようとしていることになるのではないか——。確かにそうとも言える。しかし、それはあくまでエコ効率をもっと大きなビジョンを実現するためのツールとして用いるのであって、エコ効率そのものを目標としているのではない。

自然のエネルギーの流れと結び付くことは、最終的に地球のすべての良き成長の源である太陽との根本的なつながりを回復することである。太陽は地球から1・5億キロメートルという、我々にとって理想的な距離にある壮大な原子力発電所である。これほど離れていても、太陽の熱は我々に実害を及ぼすことができる。しかしその一方で、太陽は自然のエネルギーの流れが形成されるために必要な、さまざまな条件のバランスを見事に整えてくれる。太陽からの強烈な熱と光の放射の下で、人類がこれまで繁栄できたのは、何億年もの進化のプロセスによって、生命の生存を支える大気や地表が形成されたからである。そしてそこにできた土と雲、さらには植物が地球を冷やし、地表に海や湖、川を作り、大気を私たちが生きられる温度に保っているからなのだ。したがって、太陽との関係を再構築するということは、自然エネルギーの流れを生み出す、あらゆる生態条件との相互依存関係を取り戻すことなのである。

それでは次に、エネルギーの生産と消費を最適化するための提案と実例を紹介してゆくが、この時、多様性の概念が重要な役割を担うことになる。

エネルギー供給の革新

地域レベルの発電所をつくる

先に筆者らは、多様性がいかに生態系に弾力性をもたらし、変化に適応する能力を与えるかについて考察した。

２００1年の夏、カリフォルニア州でエネルギーの需要が異常に高まったために、停電が相次ぎ、電気代が高騰し、関係者が暴利を得ているとの非難さえ上がった。このような予期せぬ事態においては、より複雑で多様なシステムであれば、事態に対応して難を逃れることができる。同じことが経済システムにおいても言える。分散型の産業のほうが小規模の競争者が増え、供給者にとっても顧客にとっても安定し、弾力性のあるシステムが生まれる。環境保護の観点から言えば、エネルギー供給におけるもっとも重要な革新は、地域レベルの小規模な発電所から生まれる。

例えば、筆者らが関わったインディアナ州の町では、３区画ごとに一つの小さな発電所を設けたほうが、一カ所で発電供給するよりも、はるかに効果的であることが分かった。送電の距離が短いほど、高圧送電で生じる電力ロスが微量で済むからだ。

原子力発電所やその他の大型発電所では、大量の熱エネルギーが利用されることなく失われてしまう。それどころか、発電システムを冷却するために、近隣の川の水などを利用することになる。そして暖められた冷却排水を川に戻せば、生態系にダメージを与えてしまう可能性がある。小規模な発電システムであれば、このような廃棄熱を地域で利用することができる。例えば、レストランや住宅などで用いればよい。燃料電池や小型タービンから出る使用済み冷却水は温水としてそのまま利用すれば、便利でしかも光熱費の節約にもなる。

電力会社はピーク時の需要に応えようと、さらに大きな設備を作るのではなく、太陽集熱器などを「サービス製品」として導入し、現在稼動している発電システムと合わせて利用すればよいのだ。こうなると各家庭や企業は、電力会社から南向きの屋根や平たい屋根を、太陽集熱器の設置場所として貸して欲しいと乞われるようになるだろう。すでに太陽集熱器を持っている家庭や企業は、それを使わせて欲しいと頼まれるようになるのだ。

このような太陽集熱器を設置する屋根は、宇宙開発計画の想像図に見られるような、特殊な形状である必要はない。実際、もっとも安価な集熱器は、タイルのように簡単に並べられるものなので、ごくありきたりの平たい屋根であれば、むしろソーラー化はしやすいと言ってよい。すでにカリフォルニア州のかなりの地域で、こうした太陽集熱器や太陽電池などによって、電力のコスト効果が高められている。

こうした複合型の電力供給システムは、電力需要のピークにもうまく対応することができる。例えば、エアコンの需要がもっとも高い時間帯は、太陽の日差しがもっとも強い時間帯であるが、同時に太陽集熱器がもっとも効果的に機能する時間帯でもある。そうであるならば、わざわざ遠く離れた発電所から電気を供給する必要はないのだ。

このように、石油、石炭、ガス、原子力のいずれかのみを用いる一極集中型のエネルギー供給システムよりも、複合型供給システムのほうが、電力需要の高い時間・時期に柔軟に対応することができるのである。

カリフォルニア州・モハーヴェ砂漠に建設されたタワー式太陽熱発電システム
ヘリオスタットと呼ばれる平面鏡装置を使って中央の集光器に太陽光を集め、その熱によって発電を行う。 Solar Two の発電力は 10 メガワットとなっている。
© STATE ENERGY CONSERVATION OFFICE

エネルギー需要は激しく変動し、それによって価格も上昇する。こうした問題に対応する、もう一つ別のアプローチがある。それはいくつかある電力供給源から、その時点での各電力価格および供給可能な電力量の情報を受け取り、その中から最も安い電力源を選択する、「知的」な装置を利用する方法である。この装置は、株価の変動に従って売買を指示する証券ブローカーのような役割をしてくれるわけだ。

町中がエアコンを使用する停電寸前の夏の午後2時頃に、ピーク時の高い電気代を払って、冷蔵庫で牛乳を冷やす必要があるだろうか。この装置なら、電力価格がピークになる時間帯には、前夜に冷凍された溶融共晶塩や氷で冷蔵庫を冷やすように、自動的に切り替わる。言うなれば、電気冷蔵庫からアイスボックスや氷室に切り替わる。

こうして近代的な冷蔵法と、古典的な冷蔵法を必要に応じて使い分けるのだ。この誰にでも実現可能な節約法を利用することで、病院の緊急病棟などとの電気供給を争わずに済むようにもなる。

画期的な「ビッグ・フット」のアイデア

こうした多様で身近にある手段を使うことによって、ある大きな自動車工場ではエネルギー利用を大幅に削減している。当初、この工場では、何とかコストをかけずに従業員が快適に仕事をできる環境を作ろうと、エンジニアたちが四苦八苦していた。なるべく簡易で、安価な方法を試してみるのだが、どうにも思うような結果は得られない。

そこで彼らが思いついたのは、サーモスタットをガス暖房機や天井の空調ユニット付近に取り付け、冷暖房の必要性を感知させるという方法である。この冷気をガス暖房機で温め、天井へと上昇し、低い場所には冷たい外気が入り込んでくる。冬には暖かい空気が天井へ井の暖かい空気は空調によって下へ降ろすというような仕組みである。しかし、このやり方だと、空気の対流による風が起き、結局暖房を強めなくてはならなかった。

この問題に対して、プロフェショナル・サプライ社◇のエンジニアであるトム・カイザーは、画期的な解決方法を提案した。従来の冷暖房の方式は、季節によって熱したり冷やしたりした空気を、「効率的にデザインされた」ファンやダクトにより、建物の最上部から

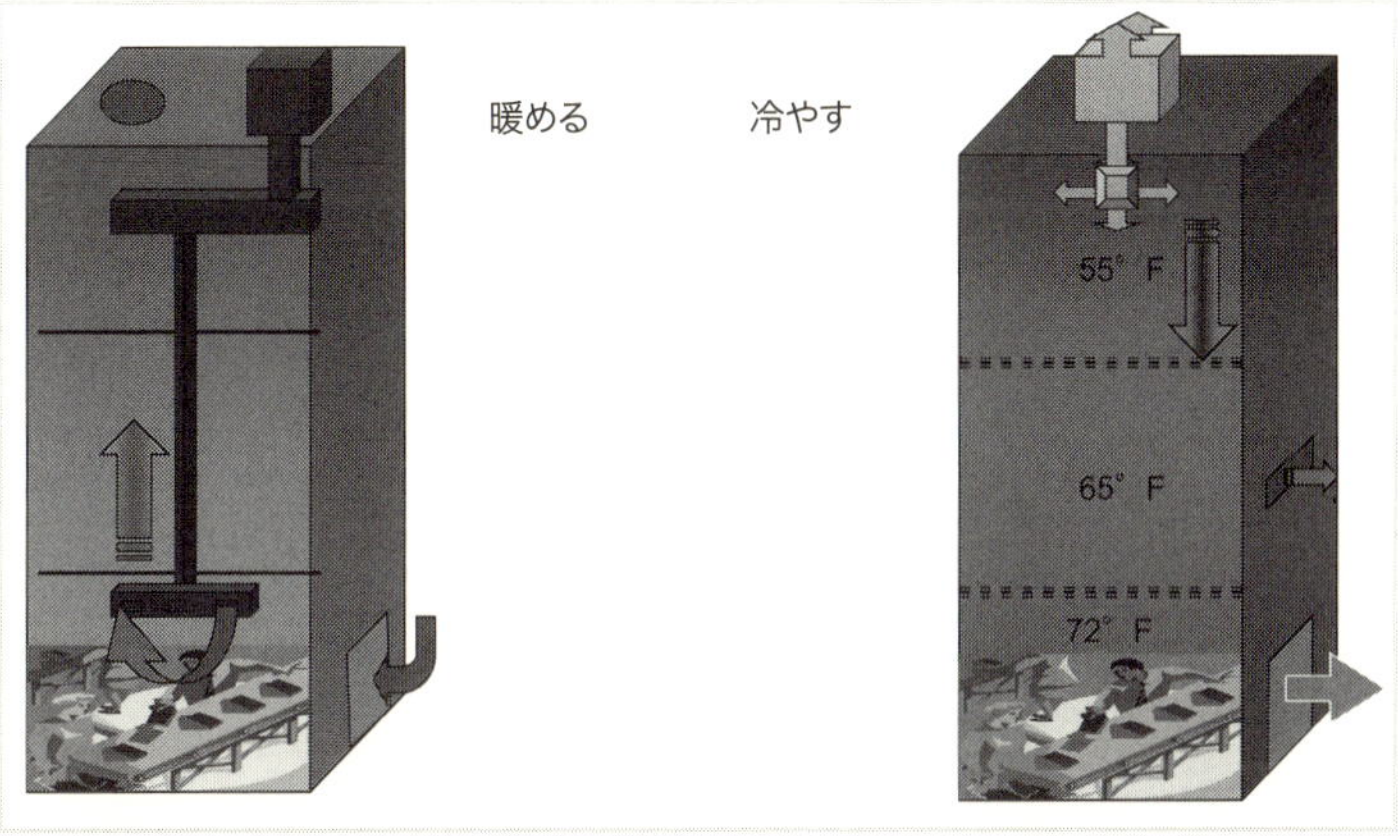

冷気は自然に低いところへ落ちる原理を用いるビッグ・フットシステム。ビル内の気圧調節によって温かい外気は侵入できない。室内を暖めるのではなく、人を暖め、暖気の循環は自然の熱の対流を利用する。　© Jay Richardson　Professional Supply, Inc.

従業員のところまで高速で送るというものだった。しかし、トムは、建物そのものを大きなダクトとして考えた。

彼はまず、4基の「ビッグ・フット」と名付けた簡単で大きな装置を用いて、ビル内の気圧を外気よりも少し高めにするようにした。こうすると窓やドアなど建物のあらゆる開口部から、空気が外部へと流れ出すようになり、外気は入ってこなくなる。さらに、熱い日には冷えた空気の層をビルの最上部から地上階まで自然に落下する工夫を考えた。こうすれば、コストの高いエアコンや高速ファンを使用しなくて済む。冬には、冷たい空気の層がフタの役割をし、工場の機械が発散する暖かい空気を、作業者のいる床面の方に保っておくように工夫した。すると、この状態で過度の空気の動きがなければ、気温20度ぐらいでも十分暖かく感じられる。

トムの天才的なところは、冷たい空気を使って暖房をするという点である。また、トムはサーモスタットを天井や空調機の側ではなく、冷暖房を必要とする人の近くに設置した。温めたり、冷やしたりする必要があるのは建物ではなく、人であるという考え方から生まれたデザインである。

このシステムには、ほかにも良い点があった。例えば、従来の方法では、運搬車用の搬入口を開け閉めするたびに空気が洩れて、冷えたり暑くなったりした。気圧を調整する方法であれば、外気の浸入を阻むため、室温を維持するために冷やしたり暖めたりする必要がない。また、工場内のエアコンプレッサー（この機械は使用するエネルギーの80％を「無駄な」熱として失う）、溶接機、その他の機械が発散する熱を回収して「ビッグ・フット」に再利用できる。つまり、通常では無駄になって負担になる熱を、利用価値のある資産に変えることが可能なのだ。このようなシステムをグリーンルーフと組み合わせれば、夏の高熱や冬の寒風による熱のロスを緩和し、日差しによる消耗から屋根を守ることができる。トムの発想は、建築物を空気力学的に扱い、建物を機械としてデザインしている。彼のデザインでは、建物は住むための機械というよりも、生きている機械となっている。

風の力を活かす

風力も、その土地で入手可能な資源を効果的に利用しようとする「ハイブリッド・システム」の可能性を広げてくれる。「風の町」と呼ばれるシカゴや、ミネソタ州とサウス・ダコタ州のバッファロー・リッジ（「風のサウジ・アラビア」と呼ばれている）のような土地で、何がもっとも豊富な潜在的エネルギー資源であるかは言うまでもない。

バッファロー・リッジにはすでにマルチ・メガワットの風力発電所が建設されており、またミネソタ州では、風力発電所の開発を奨励するプログラムがある。太平洋岸のアメリカ北西部も、最近は風の宝庫として認められるようになり、新しい風力発電所が、ペンシルベニア、フロリダ、テキサスなどに次々と誕生している。ヨーロッパでは何年も前から、積極的な風力エネルギー計画が実行されている。

ただし、エコ効果的な観点からすると、従来の風力発電所が必ずしも最善とは言えない。現在稼働しているウィンドファームは巨大だ。多いところでは１００基あまりの風力タービンが並び、タービン翼はフットボール競技場ほどの長さを持つ。それぞれが１メガワットの電力を発電できるその威容は、巨人ゴリアテのように見える。

開発者たちはこのような集中型のインフラを好むようだが、それでは牧歌的な風景の中に、風力タービンだけでなく、高圧電線を渡す巨大な鉄塔が延々と立ち並ぶことになる。また、現在の風力タービン用資材は、技術的栄養分となる生態学的に理にかなったデザインにはなっていない。オランダの風景画に描かれる「風車」を思い起こして欲しい。水汲みや粉引きに便利なように、風車小屋は畑のすぐ近くにあり、適当な間隔で点在し、その土地の安全な素材で作られ、そのうえ美しかった。

では、現代の風車である風力タービンが、アメリカの大草原地帯の農家数軒ごとに、1基ずつ配置されたところを想像してみよう。太陽集熱器の例のように、電力会社が農家から土地を借りて風力タービンを立て、既存の電線を最大限に利用すれば、新しい電線を設置する必要は少なくて済む。農家は願ってもない副収入を得られ、電力会社は送電網に電力を追加することができる。筆者らが取り組んでいる自動車用エネルギー・プロジェクトの一つは、この風力を使うものである。我々はこれを「風に乗る（Ride the Wind）」と呼んでいる。

風力発電が主要なエネルギー源になることを想像しにくければ、毎年、何百万台という自動車を生産できるアメリカの工業力のごく一部が風力発電を利用しただけで、どれだけの違いが生まれるか考えてみよう。すでに最新の風力発電なら、立地条件が適切だと化石燃料や原子力発電と対費用効果においては対等である。したがって風力発電が主要なエネルギー源になれない理由はないのだ。

太陽エネルギーを賢く利用することで、コスト効果を出しつつ、資源を守っていくことができれば、従来型の国家繁栄と安全保障についての考え方も根底から揺らぐだろう。スーパータンカーで地球の反対側から輸入するような、政治的にも物理的にも不安定な石油に頼らなくても、風力発電なら、国産の水素をパイプラインなどで供給することを組み合わせて、安定した利益を保証することができるのだ。

「資源を補充してゆく技術」の開発

エネルギーの利用方法をどのように移行させるか、その戦略を考えるなかから、真にエコ効果的な技術を開発する機会が生まれる。それは、「資源を少しずつ枯渇させる技術」ではなく、「資源を補充してゆく技術」の開発である。究極的なエコ効果的技術とは、生物的・技術的栄養分を循環させるだけでなく、消費したエネルギーにも価値が生まれるようなものである。オーバーリン大学のデイビッド・オア教授の研究チームとともに、我々は樹木の生態をモデルに、建物と建設用地についてのデザインを考案した。それは空気を浄化し、日陰と生き物たちの棲み家を生み出し、土壌を豊かにし、季節とともに変化するような建物である。建築年数を経るにつれ、建物自体の機能に必要とする以上のエネルギーを生み出す方法はないだろうか。

我々はこうした構想を、次のような形で実現化しつつある。例えば、屋根にはソーラーパネルを設置する。防風と生態の多様性を考慮し、建物の北側に樹木を植える。インテリアは、人々の美的・機能的な好みに合わせて変えられるようにする。このために床はＯＡフロア（二重床）構造にし、カーペットはリースのものを利用するようにする。建物の周囲には植栽の灌漑用池を作る。また、建物から出る排水を浄化するための微生物や植物で満たされた、「生きた汚水処理装置」としての池も作る。教室や公共スペースは、太陽光を取り込むために南向き、または西向きにする。ガラス窓には紫外線の入射を調整する特殊コーティングを施す。建物の東側には森林を復元する。そして、造園や植え込みの手入れには、農薬や灌漑を必要としない方法を採用する。こうしたアイデアは、現在も改良が重ねられている。

ここで紹介したアイデアを満載した建物の一つが、すでに最初の夏を迎えている。この建物は、建物自体が使用する以上のエネルギー量を生産することができた。ささやかではあるが、希望に満ちたスタートはすでに切られたのである。この本の読者にも、木のような建物、森のような都市を想像してみてもらいたい。

ニーズと要望の多様性

永続性のあるデザイン

デザインの多様性を重視するということは、製品の作り方のみでなく、それを誰がどのように使用するのかを考えることでもある。「ゆりかごからゆりかごへ」のコンセプトに基づいて作られた製品なら、時間や空間を超えて、さまざまな人に、さまざまな方法で、何回も使用されることになる。例えば、事務所や店舗などは、どのような目的にでも使えるようにデザインすることで、同じ事務所や店舗が何世代にもわたって使えるようにする。こうすれば、特定の目的だけに作られてしまったため、それを壊して建て直しをしたり、無理のある構造に改築する無駄はなくなる。

南マンハッタンのソーホーとトライベカ地区に立ち並ぶ建築物のデザインは、現代デザインからみると効率的なものではない。しかし、いつの時代になっても、さまざまな用途で使えるような長所がある。このために両地区は今も繁栄している。天井は高く、大きな高い窓からは日差しがよく入るし、厚い壁は、昼間の熱と夜の冷気とのバランスを整えてくれる。魅力的でありながら、実用的なデザインを備えているために、これらの建物は、始めは倉庫、ショールーム、作業場などとして、次には貯蔵庫、流通センター、芸術家のスタジオとして使われ、最近では、事務所やアートギャラリー、アパートに変わるというように、繰り返しさまざまな用途に利用されている。その魅力と実用性は明らかに永続的なものなのだ。筆者らも、ソーホーやトライベカの建物にならって、いくつかの会社のビルで、将来はアパートに転用できるようなデザインを試みている。

製品のパッケージも、いずれは「アップサイクル」されるようにデザインすることができる。例えば、フランス産のジャムの瓶《ビン》は、中身がなくなればコップとして利用できる。

大きく平らで、硬い表面を持つ商品の外箱であれば、使い終わったら建築材料として用いることができる。このような箱を使って、アメリカのサバナから南アフリカのソウェトに製品を輸出するとする。この時、製品を入れる箱は防水性の断熱材で作る。こうすれば、製品を受け取った人は、その外箱を、家を建てる材料として利用できる。

このようなデザインをするときには、文化的な違いを忘れてはならない。日頃、例えばアフリカにはヒョウタンや土器のコップを使うので、「ゴミ」をリサイクルする習慣を持たない村もある。したがって、この村に住む人に送る飲料物の容器は、地面に捨てたら生分解し、自然の栄養分になる素材で作る配慮が必要だ。材料やエネルギーが非常に高価なインドでは、燃やしたときに安全なパッケージが喜ばれるかもしれない。産業が発達している地域では、飲料水用ボトルにポリマーを用い、効果的に新しいボトルとして再生できるシステムを準備し、アップサイクルを実現するのがよいだろう。

中国では、発泡スチロール製の食品パッケージによるゴミ問題が深刻化し、「白い公害」と呼ばれている。使用済みのパッケージは、電車や船の窓から捨てられ、いたるところで景観を損なっている。

このようなパッケージを生分解性の素材で作ることはできないだろうか――。例えば、米の収穫後、田んぼに残された藁は通常燃やされてしまうが、この藁《ワラ》を材料に用いるのだ。これなら簡単にしかも安価に手に入る。そして、パッケージを製造する際に少量の窒素

（例えば自動車などから回収したもの）を加えてやる。こうすれば、中身を食べた後、罪悪感に悩むことなく、気軽に、安全で健康的な栄養パッケージを車窓から捨てられる。捨てられたパッケージは素早く分解され、土に窒素分を与えてくれるからだ。

さらに、パッケージにその土地原産の植物の種を加えれば、パッケージが生分解すると同時に種が根を張ってゆく。駅についてから捨ててもらうようにしてもよいだろう。そこで集められたパッケージを、農民や園芸家が作物の肥料として持ってゆく。ひょっとすると、「ゴミ捨て大歓迎」などといった看板が立つようになるかもしれない。

形態は機能に従う

万能サイズの美学を推奨するのではなく、「マス・カスタマイゼーション」（大量生産に一部オーダーメイドの要素を取り入れた生産方式）をデザインに取り入れることで、商品の価格や品質を保ったまま、パッケージや製品を地域ごとの好みや、伝統に合わせることができるようになる。ファッションや化粧品などの高級品産業は、早くから顧客の好みや、その土地の習慣に合わせた商品づくりをしてきた。他の産業もこれにならって、個人的・文化的な好みが反映できるようなデザインの仕方をするとよい。

例えば、自動車業界を例に考えてみよう。フィリピンには、自分の乗り物を飾る習慣がある。そこで、フィリピン向けの自動車は「ユニバーサル」なデザインにせず、へり飾りをつけたり、環境にやさしいペンキで好きな模様や絵が描けるようにする。フィリピン人のように、飾るという文化的嗜好が強い民族に対しては、画一化されたデザインを用いれば、生態学的効果の利得が失われてしまう。

生態学的に効果性のあるデザインには、自然の摂理に即した一貫性のある原則のセットと、常に多様な表現型が現れる自由とが要求される。「形態は機能に従う」という有名な表現があるが、形態が進化に従うならば、形態の持つ可能性はさらに増すはずである。「ニーズ」というものは、美的な価値観と同様に、環境、経済、文化的要素、そして言うまでもなく個人の好みによって異なってくる。現在生産されている洗剤は、すでに指摘したように、世界中どんな場所や環境でも、同じ効果を発揮するように作られている。しかし、このような洗剤が、どんな条件でも効果的かどうかと言えば、疑問である。多様性ということについて、エコ効率の提唱者ならば、「さほど悪くない（less bad）」アプローチをメーカーに勧めるだろう。例えば、液体洗剤の代わりに濃縮タイプのものを出荷する、包装を簡易にする、リサイクルを可能にするなどである。

しかし、なぜ明らかに間違っているシステムを、苦労して最適化する必要があるのだろうか？　いかなる理由で、どこでも同じ包装をしなければならないのだろか？　成分を統一したり、液体でなければいけない理由は何なのか？　何よりも、何ゆえに、どこでも同じように通用しなければいけないのだろうか――。

環境やニーズに合わせて洗剤を作るようにしたら一体どうなるのだろう。洗剤メーカーは自社の洗剤についての考え方や、基本的な製法・成分などは維持しつつ、地域に合った包装や運搬方法、さらには分子レベルでの洗浄効果などを考えていくようにするのだ。

例えば、洗剤を液体の形で運搬するのは費用がかさむだけでなく、どうしてもそうしなければいけない理由はなさそうである。洗濯機で洗濯しようが、クリーニングに出そうが、洗濯する場所には必ず洗剤を溶かす水はあるはずだ。川や湖で洗濯する場合は、水はすでにそこにある。したがって、洗剤は固形ペレットか粉末の状態で運搬し、小売店で秤売りしてもよいではないか。それに洗濯に使う水の性質によって、必要とされる洗剤の特性も異なってくる。例えば、硬水と軟水では違う種類の粉末や固形ペレットが必要になる。また、洗濯を川の岩場などで行っている地域では、洗剤がそのまま水源に流れ込んでしまうので、このことを考慮した洗剤が必要だ。

ある大手の洗剤メーカーは、インドの女性たちがどのように洗濯しているかについて調べ始めるうちに、前述のような点について考えるようになった。そして、川辺で岩に衣服を叩きつけて洗濯している女性たちが、洗濯機用にデザインされたザラザラした洗剤を、指で振りかけて使っていることに注目した。彼女たちにとって、洗剤は安いものではなく、一度に少量ずつしか買うことができなかったからである。

製品に万能性を求められる市場競争に対抗し、このメーカーはより環境にやさしい洗剤を開発し、それをどこでも簡単に開けて使えるよう小型のパッケージに入れ、低価格で売るようにした。このような考え方は、さらに推し進めることができる。

例えば、洗剤を「サービス製品」として考え直す。そして、洗剤を回収できるような洗濯機をデザインし、回収した洗剤を何回も再利用できるようするのだ。そして洗濯機はリースするようにして、あらかじめ2千回くらい再利用しながら、洗濯できる量の洗剤を投入しておく。これはさほど困難なデザイン課題ではない。なぜなら、一般的に1回の洗濯で使用する洗剤の5パーセントしか、実際には消耗されていないからである。

「ささいな生物にこそ神が宿っている」

1992年の地球サミットで、生物学者のトム・ラブジョイ◇は、以前にE・O・ウィルソンとジョン・スヌヌ◇の間で交わされた会話について話してくれた。ウィルソンは進化生物学の泰斗であり、生物の多様性とアリ（蟻）の生態について多くの著作がある。この時、スヌヌはジョージ・H・W・ブッシュ大統領の首席補佐官を務めていた。一方、ウィルソンはブッシュ大統領に、先進国が中心となって、「生物多様性会議」を開催して世界に警鐘を発していくことを支持するよう、熱心に勧めていた。

ウィルソンが多様性の重要さについて説明し終えると、スヌヌは、

「なるほど、我が国の『絶滅の危機に瀕している種の保護法』を世界規模のものにするの

ですね。でも悪魔が宿っているような、ささいな生き物は別ですよね」
と、ウィルソンに多少の犠牲は仕方ないことを暗に促そうとした。するとウィルソンは、
「いいえ、ささいな生物にこそ神が宿っているんですよ」
と答えたのである。

多様性は自然のデザインの枠組みであり、これを尊重しないヒューマン・デザイン・ソリューションは、我々の生活環境や文化の枠組みをも脆くし、人間にとっての楽しみや喜びを大幅に狭めてしまう。フランスのシャルル・ド・ゴール◇は、４００種類ものチーズを生産する国を運営するのは容易ではないと言ったそうである。しかし、市場拡張をねらってフランスのチーズ生産者たちが、みな同じ味のするオレンジ色の包みの四角い「チーズ食品」ばかり作り始めたらどうなることだろう。

写真を使って、人にはどんな好みがあるかを調べたある研究では、多くの人が文化的に特徴のある地域に住みたいと考えているという結果が出た。ファースト・フードのレストランや、どこにでもあるような建物の写真を見せられると、それに対しては非常に低い点数をつける傾向が見られたのである。発展する地域に住み、慣れ親しんだ中心街が取り壊されてゆくような所に住んでいる人でも、新興住宅地よりも古風なニューイングランドの町並みのほうが好ましいと感じる。

つまり、選択の余地さえあれば、人はありきたりで画一的な街並みや分譲地、ショッピ

ング・モールなどとは違うものを選ぶというのだ。人が多様性を好むのは、それが喜びや楽しみを与えてくれるからである。いうなれば、人は４００種類のチーズのある世界に住みたいのだ。

多様性はさらに別の意味でも人間を豊かにしてくれる。文化的な多様性のために起きる激しい衝突は、視野を広げ、創造的な変化を引き起こす。例えば、マーティン・ルーサー・キング牧師がマハトマ・ガンディーの教えを、より平和的な形で自分の市民的不服従のコンセプトに取り入れたことは、そのよい一例である。

「フィード・フォワード」方式

これまで企業は、何が変化をもたらすかについての意見や、過去の成功や失敗の分析、そして競合他社の動向といった情報に頼ってきた。多様性を尊重するということは、この情報収集の範囲を広げることでもある。

多様性を持つということは、より幅広い環境的・社会的背景を把握し、長期的にものごとを考えることである。過去と現在において「何がうまくいったか」を問うだけでなく、将来、「どうすればうまくいくか」について考えるようにする、つまり「フィード・フォワード」方式を用いるのだ。

◆我々は世界をどのようにしたいのか、そのビジョンのためには、どんなデザインをすればよいのか？

- 今から10年先だけでなく、100年先のサステイナブルな世界における商業とはどのような姿であろうか？
- サステイナブルな世界を創り、維持するためには、現在の私たちの製品やシステムはどうあるべきか？
- 将来の世代が廃棄物や危険物で苦しむことにならないように、現在の私たちが豊かに生活するためには、どのようなモノづくりをすればよいのか？
- 産業が新たな進化を始めるためには、いま何をすればよいのだろうか？

――このように、目的と、その目的を達成するためのプランを立て、プランを実行している中で何が起こりうるかを予測し、それを回避するためのプログラムもプランに盛り込んでいくのが「フィード・フォワード」的な考え方である。

前述の洗剤メーカーにしても、このような考え方をしていけば、ただ便利に使えて、人間の手にやさしい製品という考えから、もっと進化した製品を創造することができる。顧客がどんな洗剤を求めているのかは分かった。そこで「フィード・フォワード」方式を用いると、次のように考えることができる。

- 川はどんな洗剤を望んでいるのだろうか？
- その洗剤はガンジス川にもやさしいだろうか？

◆その洗剤は多様な水生生物を育むことができるのか？
◆パッケージを1回分ずつの個別包装にしたけれども、空になったパッケージを生分解性にするにはどうすればよいだろう？
◆どんな材料であれば、パッケージが川岸で安全に溶けて土の栄養分となったり、燃料としても安全に燃やせるようになるのか？

――また、繊維素材についても考える必要がある。例えば、蓮の葉には何もくっつかない性質がある。それならば洗濯に洗剤を必要としない「蓮のような効果」を持つ布地はできないものだろうか――。

製品の要素を一つひとつ、もっと広い背景の中に置き、前向きに定義し直してゆくと、製品はおのずから変容し、進化してゆくはずである。それは一つの製品を、すべての側面において、多様性に満ちた世界に栄養を与えるようにデザインしていくことである。

「川はどんな洗剤であって欲しいと思うか」を考える

我々はヨーロッパの大手洗剤メーカーと協力してシャワー・ジェルを開発する時、次のような問いに応えることを、デザイン課題とした。すなわち、「川（ライン河）はどんな洗剤であって欲しいと思うか」という問いである。同時に、消費者の要望に適うよう、健康的で気持ちのよいシャワー・ジェルの開発を目標にした。

最初、マイケルは医療用の薬を作る場合と同じように、最適の材料をまず選びたいとメーカーに言った。製品の性質上、建築塗料メーカーなどに比べれば、メーカー側もこのアプローチには協力的だった。マイケルたちは、標準的なシャワー・ジェルには22種類の化学成分が用いられていることを明らかにした。そして、そのいくつかは、安価な化学成分による過剰な作用を中和するためのものであることを突き止めた。例えば、ある成分が皮膚を乾燥させるので、そのために保湿剤が加えられていたのだ。

次に、マイケルたちはその中から、自分たちが望むような効果を持つものだけを選び出し、必要な成分の種類を減らし、新しい処方リストを作成した。こうして、これまでのシャワー・ジェルの成分処方から、複雑な制約と成分バランスを省くと、人間の肌にとっても、河川の生態系とっても、健康的な製品ができあがった。

全部で9種類の成分からなるリストができた時、最初メーカーはその製造に同意しなかった。新しくリストアップされた化学薬品は、それまでこの会社が採用していたものよりもコスト高だったからである。しかし、材料コストのみでなく、製造プロセス全体を検討してみれば、製法と保管方法がシンプルになるために、新しい洗剤の製造コストは以前に比べておおよそ15パーセント削減されることが分かった。

このシャワー・ジェルは1998年に発売され、今でも市場に出回っている。ただ、当初使われていたペットボトルからアンチモンがジェルの中に浸出することをマイケルたちが発見してからは、純粋なポリプロピレンのパッケージに変わっている。

「イズム」の落し穴

物を作ることにおける究極的なテーマは、真に多様であることだ。一つの判断基準に固執すると、より大きな文脈の中で、その基準は安定性を失い、「イズム（主義）」という、全体の構造を無視した、極端な立場となる。歴史が教えるように、「イズム」は悲劇を生む可能性を持っている。ファシズムや人種差別主義、性差別主義、ナチズム、テロリズムが何をしてきたか、思い起こしてみればよい。

産業システムの在り方を方向づけた二つの「声明書」について考えてみよう。アダム・スミスの『国富論』（1776年）とカール・マルクスとフリードリッヒ・エンゲルスの『共産党宣言』（1848年）である。前者はイギリスがまだ植民地を独占しようとしていた頃に執筆され、アメリカの独立宣言と同じ年に出版された。アダム・スミスは、大英帝国の在り方を否定し、自由貿易の意義を主張した。

彼は、一国の富と生産力を全般的な改善と関連づけ、「人は個人の利益を追求するが、それは見えざる手によって導かれ、公共の利益を改善することにつながっていく」[*53]と主張した。彼は、経済の力と人間の倫理性を信じ、これらについて研究をした。つまり、彼が想像する見えざる手は、市場を占める「倫理的」な人々が、個々に意思決定をすることによって、商業上の基準を規制し、不正を防ぐのである。しかし、これは18世紀における理想であって、21世紀において、このような考え方は現実的とは言えない。

富の分配の不平等や労働者の搾取に触発されて、マルクスとエンゲルスは『共産党宣言』を書いた。この著書の中で、彼らは人権問題と経済的な富の分配に目を向けるよう、警鐘を鳴らした。二人は同著の中で、

「大量の労働者が工場に押し込められ、兵隊のように組織化される……毎日、毎時間、彼らは機械に、監督者に、とりわけ個々のブルジョア工場主自身らによって奴隷として扱われている[*54]」

と書いている。資本主義は、経済目標を達成するために、しばしば労働者の利害を無視

アダム・スミス　Adam Smith
イギリスの経済学者、哲学者
(1743～1826)。

カール・マルクス　Karl Heinrich Marx　ドイツの経済学者、哲学者、革命家 (1818～1883)。

フリードリッヒ・エンゲルス
Friedrich Engels
ドイツ出身のジャーナリスト、労働運動の指導者 (1820～1895)。

してきた。しかし、社会主義もまた、一意専心に「主義」を追求したとき、やはり失敗することとなった。すべてが国家の所有物になると、何も持たない個人はシステムの中でないがしろにされる。ソビエト連邦が良い例である。例えばソビエト連邦は、国家として言論の自由などの基本的な人権を認めなかった。環境も被害を受けた。科学者たちは、元ソビエト連邦の16パーセントが、工業による公害と汚染のため、居住に適さなくなってしまったと考えている。そしてこれを「環境破壊（ecocide）」と呼んだ。[*55]

これに対してアメリカやイギリス、その他の国では資本主義が繁栄した。これらの国ではヘンリー・フォードが、「車が車を買うことはできない」と考えたように、社会福祉への関心と経済成長が結びつくこともあった。また、公害を抑制するために、規制も行われるようになっていった。しかし、環境問題の増大は止まらなかったのである。

そして1962年に、第三の「声明書」というべき、レイチェル・カーソンの『沈黙の春』が出版されたのである。この本は、環境主義（ecologism）という新しい概念を一般に広め、確実にその支持者を増やしていった。以来、増加し続ける環境問題への懸念に応えて、個人、地域社会、政府機関、環境団体などが、自然保護や資源の節約、公害浄化のためのさまざまな戦略を提案してきている。

これら三つの声明書は、どれも人々の境遇を改善しようという、純粋な願望から生まれたものである。そして、それぞれに成功と失敗がある。しかし、当初の志も行き過ぎれば

「主義」に陥り、社会的な公平性や文化の多様性、環境の健全性など、長期的な成功に欠かせない要素を見失ってしまう。レイチェル・カーソンは、世界に向かって重要な警告を発したが、環境への懸念でさえも、「主義」に拡大してしまえば、社会的、文化的、経済的な問題を軽視して、全体に不利益をもたらしてしまう。

＊53 Smith, A. "Restraints on Particular Imports" In. An Inquiry into the Nature and Causes of the Wealth of Nations. (New York : Random House 1937) p.423　邦訳『国富論』岩波文庫、杉山忠平訳、岩波書店、２０００年。
＊54 Marx, K. & Engels, F. The Communist Manifesto. (1848) (New York: Simon & Schuster １９６４年再発行 p.70)　邦訳『共産党宣言』岩波文庫、大内兵衛、向坂逸郎訳、岩波書店、１９５１年。
＊55 Feshbach, M. & Friendly, Jr., A. Ecocide in the U. S. S. R. : Health and Nature Under Siege, Basic Books. (1992)

商業と環境保護の連合

筆者らが、大企業を含めた、あらゆる経済分野と協力することに対して、「どうして奴ら、と仕事ができるのか？」とよく質問される。この質問に対しては、「あなたはなぜ彼らと仕事をしないのだ？」と答えることがある。

ソローが、市民的反抗として税金を払わなかったために刑務所に入れられた時、エマソンが彼を訪ね、「あなたはその中で何をしているのだ？」と尋ねた。これに対するソローの有名な答えは、「あなたは外で何をしているのだ？」であった。

我々に疑問を抱く人々は、商業利益と環境保護は、本質的に対立するものだと思っていることが多い。ゆえに、大企業と協力をする環境保護主義者を、裏切り者と見なすのである。一方、産業側も環境保護主義者や社会運動家に対して、彼らなりの偏見を持っている。すなわち、環境保護主義者は醜悪で、面倒で、高度な技術も必要ない割に、莫大な費用のかかるデザインや方針を推奨する極論者だと。慣習的な知恵に従えば、我々はこのどちらか一方の側に立つことになる。

　表面上は対立するこれら二つの領域を統合しようとする哲学もある。例えば「社会的市場経済（social market economy）」や「社会的責任のためのビジネス（business for social responsibility）」、ハーマン・デイリー◇の考えに影響を受け、自然のシステムや資源の価値を考慮に入ようとする「自然資本主義（natural capitalism）」などがあげられる。

　これらの哲学が提唱するように、商業と環境保護をペアにすることは、さまざまな面で広がりを持たせる効果があるかもしれない。しかし、それによって生まれるものの多くは不安定な同盟であって、目的を同じとする真の連合ではない。

　これらの哲学に対して、エコ効果は、商業を変化の推進力と見なし、迅速かつ生産的に機能する必要性を認める。しかし、もし産業が環境的、社会的、文化的な問題を無視すれば、人々に大きな悲劇をもたらし、来たる世代への大切な自然資源や人的資源を破壊してしまうことも認識する。エコ効果は、商業と公共の福祉の両方を、自ら根ざすものであるとして賛美する。

デザインを視覚化するツール

フラクタル図の活用

さて、筆者らは、さまざまな問題に取り組むうえで、議論が抽象的になり過ぎないように、デザインというものを視覚化するツールを用意した。このツールは、新たに提案されるデザイン構想を明確にする上で助けとなる。また、新しく提案されたデザインと、この章で説明してきた、さまざまな要因との関係を創造的に吟味するうえでも役に立つ。

このツールは、さまざまな大きさの正三角形からなる「フラクタル図」である。*56 このツールを使用すると、極端に一領域に偏っている人々（例えば経済など）からの質問も、考慮すべき貴重な見解であるとして、話題の中に取り込んでいくことができる。

この「フラクタル」はシンボルではなく、あくまで「ツール」である。我々は実際に、このツールを個々の製品、建物、工場などのデザインから、町や都市、国全体に影響を与えるようなプロジェクトにいたるまで、あらゆる機会において活用してきた。製品やシステムを計画するにあたり、このフラクタルの中を移動しながら問いを投げかけてゆき、解

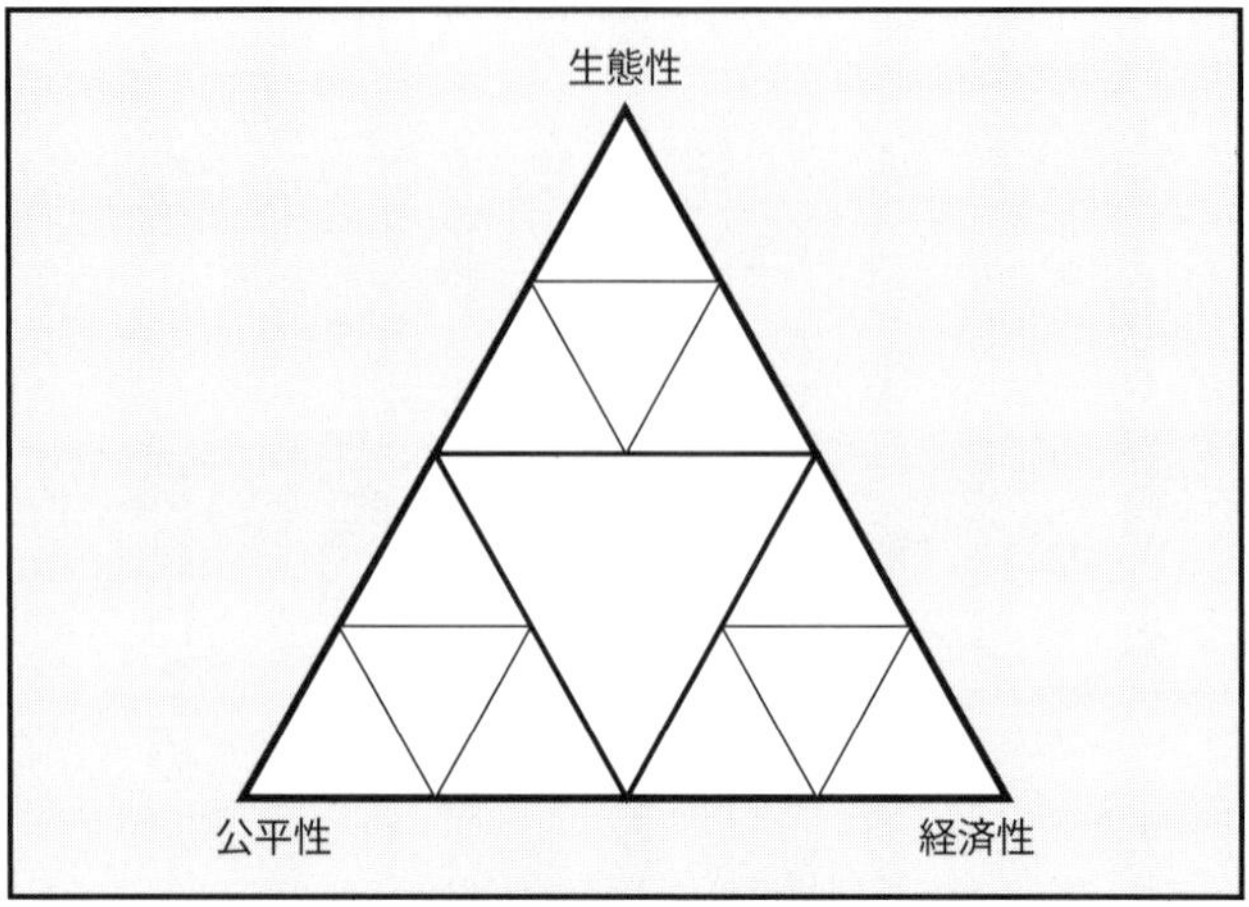

デザインのためのフラクタル図

答を探していくのである。

《経済性・経済性》

この図形の右下端は、我々が「経済性・経済性」領域と呼ぶものである。ここは極端な純粋資本主義の領域である。ここで吟味される課題には、当然のことながら、これから生み出す製品やサービスによって、自分たちは利潤を得ることができるだろうかという問題が含まれる。我々は、商業関係のクライアントに対しては、もし、その答えが「ノー」であれば、その計画は止めるように勧めている。

商業の任務は、変化しながらも、その商売を続けることである。会社は株主たちに、価値とより多くの富をもたらす責任がある。しかし、社会の構造や自然界を犠牲にしてまで、利潤を追求するわけにはいかない。さらに吟味を続けると、製品を市場に出して利潤を得るまでに、どのくらいの人件費がかかるかという問題に突き当たる。もし、その企業がフラクタルの「経済性・経済性」の一角に固執してしまい、資本主義に囚われてしまうと、彼らはできるだけ労働力と運賃の安い場所に製造工場を移すことを考え始める。こうなると議論は進められなくなる。

《経済性・公平性》

しかし、もし彼らがより持続性のあるアプローチを選ぶべきだと確信している場合、我々は議論をさらに押し進める。まず、我々は「経済性・公平性」領域へと移動する。ここでは金銭と公平性について考える。例えば、「従業員は生活できるだけの賃金を得ているか」といった問題である。当然、ここでのサステイナビリティーには、地域性が反映されなければならない。生活費というものは住む場所によって異なる。筆者らは雇用者に支払うべき賃金とは、彼または彼女が家族を養うのに十分なものでなければならないと考えている。すると当然、支払うべき賃金は彼らがどこに住んでいるかで変わってくる。

《公平性・公平性》

「公平性・経済性」領域へ移動すると、公平性がさらに強調される。ここでは経済を公正性というレンズを通して考えることになる。例えば、「男女が平等に賃金を支払われているか」が問題として取り上げられる。「公平性・公平性」領域に移って議論を進めるとなると、考え方の視点は、純粋に社会的なものになる。例えば、「人々は互いに尊重し合っているか」といったことが問題となる。この領域では、経済性や生態性とは関係なく、人種差別や性差別の議論をすることになる。

さて、公平性の領域でも生態性に隣接する部分へ立場を移動すると、当然、注目すべき問題も変わってくる。ここでは公平性をもっとも重要な課題としながら、そこに生態的な視点が入ってくる。ここでの問題は、雇用者を危険な物質にさらしたり、空気の汚染されているような環境で働かせたり、消費者を製品に含まれる有毒物にさらしてよいのかといったことになる。また、自分たちの製品が将来の子孫の健康に、どのような影響を及ぼすのかといったことも問題となる。

《生態性・公平性》

「生態性・公平性」領域に移ると、職場や家だけでなく、生態系全体への影響を考えることになる。「川や大気を汚してもよいのだろうか？」といった考え方だ。さらに「生態性・生態性」の領域に深く入ると、「自然の法則に従っているか？」「廃棄と食物を同等とみなしているか？」「太陽エネルギーを無駄にしていないか？」「人類だけでなく、すべての生物を存続させようとしているか？」といったテーマが問題となる。この領域の考え方を主義にまで突き詰めると、一番重要なものは地球自体であると考える「ディープ・エコロジー」に行きつく。そして経済や公正性はもはや問題とされなくなる。

《生態性・経済性》

「生態性・経済性」領域に移動すると、再び金銭的な問題が考慮される。例えば、「環境保護戦略が経済的にも利益を生むか」といった問題である。仮に、ある建物を、それ自体の維持に必要な量を上回る太陽光エネルギーを生産するように設計できれば、この問題に「イエス」と答えたことになる。

《経済性・生態性》

最後に「経済性・生態性」領域であるが、これは「エコ効率」の概念が発想された領域である。「レス・バッド」を求めたり、従来型の経済的枠組みの中で、最小のものから最大の効果を得ようと人々はこの領域にあてはまる。すでに述べたように、エコ効率はより広範な「エコ効果」的なアプローチを達成するために、重要なツールであることを認識する必要がある。

＊56 我々のフラクタル図は、シェルピンスキのギャスケットをモデルとしている。1919年にこれを発見したポーランドの数学者にちなんで名づけられたフラクタル図形である。

「トリプル・トップライン」

従来のデザインの基準における3つの柱は、「コスト」「美しさ」「性能」である。そしてこのそれぞれについて企業は、「それで利益は出るのか？」「消費者にとって魅力があるか？」「ちゃんと機能するのか？」と懸念する。

一方、「持続可能な発展」の推進者たちは、生態性、公平性、経済性に基づく「トリプル・ボトムライン（triple bottom line：3つの要点）」アプローチを重用する。[*57] このアプローチは企業の持つべき責任に、持続可能性を含める努力をする上で主要な貢献を果たしてきた。しかし実際には、企業は経済性を優先して、社会性・生態性には同等の比重を置かず、これらについて考えることを後回しにすることが多い。

企業は従来通り、自分たちにとっての経済的な利益をまず計算し、それに自分たちが社会的利益と見なすことを付け加えていく。例えば、環境への負荷を軽減するための排気や産業廃棄物、原材料の削減などである。つまり、企業はまず自らの「経済的な」健全性を評価し、エコ効率の向上、事故・不具合品の減少、新しい雇用機会の創造、社会奉仕活動などはボーナス点として加算していくのである。

「トリプル・ボトムライン」を戦略的なデザイン・ツールとして使用しない企業は、より多くの実りを得る機会を見逃している。このアプローチは、自分たちがしてきたことを分析するのに用いるのではなく、これから始めようとすることに対する、３つの問題提起、「トリプル・トップライン」として用いた時に、真の威力を発揮する。

ここで紹介したフラクタルをデザイン・ツールとして利用すれば、デザイナーは３つの領域のどこででも価値を生み出すことができるようになる。それどころか、どうすれば動植物の生息環境を守れるか、どうすれば雇用を増やせるかといった、生態性や公平性の発想からスタートしたプロジェクトであっても、純粋に経済的な観点から始めた場合には、想像もつかないような、莫大な経済効果を生み出す可能性が生まれる。

考えられる基準は、生態性、公平性、経済性だけではない。著者らの基準リストには、「楽しさ」もリストの上位にあげられている。この製品は使っているときにも、捨てるときにも喜びを与えてくれるだろうか――。

ところで、ある時、仲間のビルがデル・コンピューターの創設者・マイケル・デルと会話をしていた時のことである。ビルが、自分たちがコスト、性能、美しさというビジネスの基本的基準に、生態学的な賢さ、正義、楽しさという要素を加えているのは、トーマス・ジェファーソン◇の宣言した『生命、自由、幸福の追求』に対応するものだと説明した。これに対してデルは、「なるほど。でも、一番大切な要素を抜かしていますね。ほら電送容量（bandwidth）ですよ」と賛同しつつ、忠告してくれたそうだ。

＊57 このコンセプトについての詳細は、John Elkington の研究を参照。www.sustainability.com

産業の再進化

すべてのレベルにおいて、真に多様性を尊重するデザインは、やがて「産業の再進化」をもたらす。私たちの製品や製造プロセスは、生物界がそうであるように、情報や反応と呼応し合う形をとったときに、極めて効果的なものとなるだろう。

強い化学薬品やコンクリートや鋼鉄の代わりに、自然のメカニズムを利用する創意に満ちた機械は、方向性としては正しいと言える。しかし、それがたとえ害をなさないものであっても、人間がさまざまな目的で自然を支配するのに利用するテクノロジーである限り、まだ機械であることに変わりはない。化学薬品のような「理性なき力」の代わりとして、利用が増えてきたサイバー技術やバイオ技術、ナノ技術にしても同じことが言えるだろう。

新技術そのものは産業革命を起こさない――。その活かし方を変えない限り、新技術は、単純に産業革命初期の汽船に超効率的なエンジンを載せて、その限界速度を新たな極限にまでもってゆくだけである。

未だに、最先端の環境保護対策でさえ、人間は自然を破壊する存在で、それを抑制し、ある程度は自然から隔離せねばならないという考え方をしている。「自然資本」という考えでも、自然とは人の利益のために利用する道具であると考えている。

この自然資本のようなアプローチは、人類が産業システムを開発し始めた２００年前なら妥当なものだったかもしれない。しかし今となっては通用するものではなく、その再検討が迫られている。そうしなければ我々には自然破壊のスピードを遅らせ、現在の生産・消費の産業システムをせいぜいあと2、300年の間持たせることぐらいしかできない。

自然界が著しく衰弱しても、人類は創意工夫と技術の進歩によって、自らを存続させるシステムを作れるかもしれない。だとすれば、サステイナビリティというものは、それほどわくわくするようなものなのだろうか――。例えば、ある男性が妻との関係は持続可能だというのを聞いたら、あなたはこの二人に寂しさを感じることだろう。

自然のシステムは、環境から何かを得るが、その代わりに必ず何かを戻す。桜の木は花びらや葉を散らしつつ、水を循環させ、酸素を作る。アリ（蟻）たちは土中のすみずみに栄養分を再分配する。私たちは彼らにヒントを得て、自然ともっと刺激的な契約を結び、パートナーシップを築くことができるはずだ。

我々は生分解性の製品や副産物によって、生態系を豊かにするような工場を創造できるはずだ。そして、技術的栄養分は、捨てたり、燃やしたり、埋め立てたりせずに何回も再利用するようにもできるはずである。

我々は自己制御できるようなシステムをデザインすることもできる。自然を人間のための道具と思わずに、むしろ自然の道具となって働くように努力できるはずである。

我々は世界から豊かさを奪ってしまうような考え方や、ものづくりを続けるのではなく、豊かな世界を祝うことができるはずである。そうなれば、より多くの人々が生きる場所と、より多くの物を作り出す機会が生まれるはずである。なぜなら、我々は適切な正しいシステムを持つようになるからだ。

それは創造的で、失敗のない、賢く、生産的なシステムである。そして我々も、アリたちのように「効果的」な存在となるのだ。

◇**ジョン・ターボー**……John Whittle Terborgh（1936～）鳥類学者、生態学者。

◇**ジョン・トッド**……John Todd（1939～）。カナダ生まれの生物学者。著書に『From Eco-cities to Living Machines』、Reinhabiting Cities & Towns: Designing for Sustainability』、『バイオシェルター：エコロジカルな環境デザインをもとめて Bioshelters, ocean arks, city farming』（ナンシー・ジャック・トッド／ジョン・トッド著、芹沢高志訳、工作舎、１９８８年）などがある。

◇**プロフェショナル・サプライ社**……１９７９年にトム・カイザーによって設立された、企業に対しエネルギー利用の効率化やサステイナブルな運営を提案するコンサルタント会社。

◇**トーマス・ラブジョイ**……Thomas E. Lovejoy。熱帯・環境保護を専門とするアメリカの生物学者。

◇**ジョン・スヌヌ**……１９８９年から１９９１年までジョージ・H・W・ブッシュ大統領の首席補佐官を務めた。

◇**シャルル・ド・ゴール**……（１８９０～１９７０）フランスの政治家。フランス第5共和政初代大統領（１９５９年から１９６９年まで）。

◇**マーティン・ルーサー・キング牧師**……Martin Luther King, Jr.（1929～1968）。アメリカ合衆国のプロテスタントバプティスト派の牧師。アフリカ系アメリカ人の公民権運動において指導的役割を果たした。１９６４年、ノーベル平和賞を受賞。

◇**マハトマ・ガンディー**……モーハンダース・カラムチャンド・ガンディー。（1869～1948）インド独立の父。宗教家。「マハトマ」とは尊称で「偉大なる魂」の意。

◇**ハーマン・デイリー**……Herman E. Daly（1938～）アメリカの経済学者。『持続可能な発展の経済学 Beyond growth : the economics of sustainable development（1996）』（新田功ほか訳、みすず書房、2005年）の著書がある。

◇**「ディープ・エコロジー」**……1973年、ノルウェーのアルネ・ネスが提唱した概念。人間の利益の延長として環境保護を考える当時の在り方を批判し、生命の尊重自体が環境運動の目的であるとする。近代文明の礎であった合理主義を脱し、価値の転換をはかろうとする環境哲学。

◇**トーマス・ジェファーソン**……Thomas Jefferson（1743～1826）第三代アメリカ合衆国大統領。アメリカ独立宣言を起草した。

ハノーバー原則（The Hannover Principles）要約

❶ 人類と自然が共存する権利を主張する。
Insist on the right of humanity and nature to co-exist.

❷ 相互依存を理解する。
Recognize interdependence.

❸ 精神と物質との関係を尊重する。
Respect relationships between spirit and matter.

❹ デザインの結果について責任を持つ。
Accept responsibility for the consequences of design.

❺ 長期的な価値を持つ安全な物を作る。
Create safe objects of long-term value.

❻ ゴミの概念をなくす。
Eliminate the concept of waste.

❼ 自然のエネルギーに頼る。
Rely on natural energy flows.

❽ デザインの限界を理解する。
Understand the limitations of design.

❾ 知識を分かち合い、常に向上を求める。
Seek constant improvement by the sharing of knowledge.

ハノーバー原則は、人間と自然の相互依存性の理解に基づき、変革と成長を推し進めるために作成された、生きている文書と見なされなければならない。したがって、この原則は我々の世界に関する認識の進展に合わせて適応されることになる。

The Hannover Principles should be seen as a living document committed to transformation and growth in the understanding of our interdependence with nature so that they may be adapted as our knowledge of the world evolves.

第6章 サステイナブルなものづくり

C2C Cradle to Cradle

アルバート・アインシュタイン

「これまでと同じような考え方では、
現在の危機からの脱却は
不可能である」

「人の心の悪性を変えるより、
プルトニウムの性質を変えるほうがやさしい」

フォード社のサステイナブル計画

近代産業の象徴──「ルージュ工場」

１９９９年の5月、フォード自動車会社の会長であり、創始者ヘンリー・フォードの曾孫であるウィリアム（ビル）・クレイ・フォード・2世が、産業革命の象徴とされてきたミシガン州ディアボーン・リバー・ルージュの巨大工場を、次の産業革命の象徴なるよう、20億ドルをかけて大改造するというドラマチックな発表をした。

ヘンリー・フォードは１９２０年代半ば、湿地帯であったこの土地を購入し、ここで自動車の生産を始め、数十年間で、リバー・ルージュ工場は世界最大級の製造設備に急成長した。この工場はフォードのヴィジョンを具現化したもので、壮大な垂直統合デザインによって、製造部品の生産から始まり、自動車の製造に必要な全工程を、この工場内で行うことができた。石炭や鉄鋼石、ゴム、砂などは、艀《はしけ》を使って五大湖から運び込まれ、高炉や製錬所、圧延機、圧断機などが24時間稼動で、必要な材料を生産した。建築家・アルバート・カーンとともにフォードは、発電所や車体工場、組立工場、工具・金型工場、各種の貯蔵庫、倉庫、その他関連する建築物の設計に携わっている。そして、「ルージュ

チャールズ・シーラーの描いたルージュ工場
Mr. and Mrs. Barney Ebsworth Foundation 所蔵

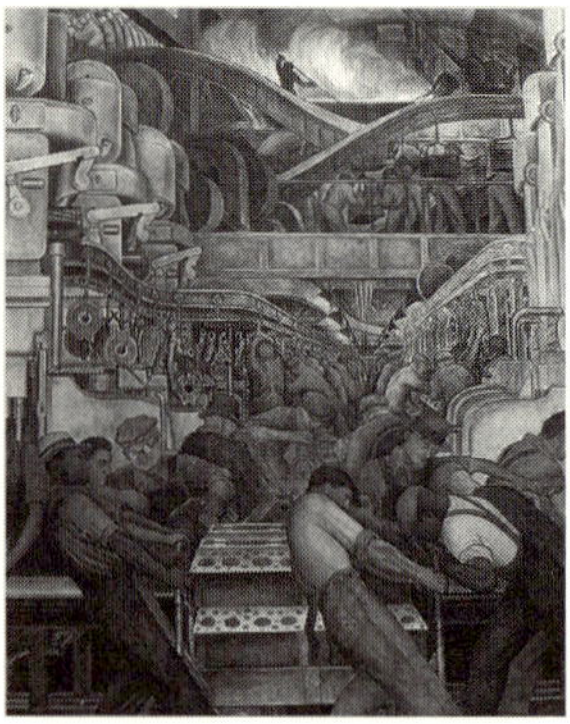

ディエゴ・リベラの描いたルージュ工場で働く人々　the Detroit Institute of Arts 所蔵

工場」はその驚異的な技術力とスケールにより、近代産業の先駆的存在とみなされるようになる。

大恐慌の折には、「ルージュ工場」で中古車の解体作業まで行われた。「解体ライン[*58]」が組まれ、作業員たちによってラジエーターやガラス、タイヤ、布製品などが順に外され、最後に、スチール製のボディとシャーシのみが巨大な圧縮成型器の中に落とされた。このプロセスはデザインとして洗練されたものとは言えず、粗野で力ずくとも言える方法だったかもしれないが、それでも技術的栄養分の再利用への第一歩であった。「廃棄物＝食物」の実践例として、当時としては特筆すべきものである。

やがてルージュ工場は、何十ヘクタールもの広さとなり、10万人以上もの従業員を雇うようになった。観光客にも人気の場所となり、芸術家たちを刺激する題材ともなった。チャールズ・シーラーは、ルージュ工場を素材とした写真や絵画によって、合理的なアメリカの製造業の本質を描き出した。ディエゴ・リベラは、デトロイト美術館所蔵の壁画に、労働者階級の視点から見たこの工場を描き、永遠にその姿をとどめた。

＊58 Sorenson, C. My Forty Years with Ford. W. W. Norton. (1956) pp.174-175 邦訳『自動車王フォード』ソレンセン著、福島正光訳、角川書店、１９７０年。

工場の再デザイン計画

20世紀の末には、この工場の設備もさすがに老朽化を見せていた。フォードの「マスタング」はまだこの工場で生産されていたが、事業分離やオートメーション化や縮小統合化などで、従業員は7千人以下に減っていた。工場の基礎的な施設自体も老朽化していた。技術的にも、もはや時代遅れになっていた。例えば、工場は部品を上の階から下の階へと順に送り、最下階で車を完成させるという組立方法に合わせて設計されていた。また、何十年にもわたる操業によって、周囲の土壌と水質が犠牲となってしまった。敷地内のかなりの部分が茶色に荒れ果て、見捨てられていたのである。

フォード社が他の競合企業と同じ手段を取るのは簡単であった。すなわち、その用地を閉鎖し、塀で囲い、もっときれいで安く簡単に開発できる土地に、新しい工場を作ることである。しかし、フォード社はルージュ工場で製造を続ける道を選んだ。

1999年に新しく会長に就任したウィリアム（ビル）・クレイ・フォード2世は、初代フォードの意思をさらに一歩進めた。錆びた鉄パイプやゴミくずの山を見て、彼はここを生きた環境に戻そうという挑戦に取り組む決心をする。古い工場を捨てて、新天地で再出発するのではなく（ある社員の言葉を借りると「イナゴの群れのように」移動するのではなく）、フォードは自社をその土地に定着させようと考えたのである。

会長になって間もなく、フォードはエコ効果の考え方を深めるため、ビル・マクダナーに会った。当初は短いミーティングのつもりだったものが、午後を費やしての刺激的な議論となり、最後にフォードは新しく改装中の執務室にビルを案内した。建物の12階にあるその部屋からは、ルージュ工場を一望することができた。

その光景を眺めながら、ビルは、先ほどまでフォードと議論していた原理をこの工場で実践し、リサイクルと「効率」を超えた、まったく新しい、刺激的な何かを実現できると確信したようだ。そして、その年の5月に、フォードは公式の場で、リバー・ルージュ工場のデザインのやり直しを、ビルに依頼すると発表した。

作戦司令室——「ルージュ・ルーム」の設置

第1のステップは、本社の地下に「ルージュ・ルーム」と呼ばれる部屋を設けることだった。この部屋には、会社のあらゆる部門の代表者、化学者や毒物学者、生物学者、規制措置の専門家、労働組合の代表者などがデザインチームとして出入りできるようにした。

彼らの主な協議内容は、いくつもの目標を一つにまとめ、戦略を設定し、プロジェクトの進捗状況の評価法などを決めることだった。そのために、彼らの思考プロセスを視覚的に表示できるようにし、難しい問題であっても積極的に提起できるようにする必要があった。

いつの間にか、部屋の壁は進行中の書類で埋め尽くされるようになり、それぞれの書類の上には、一目で現在何が議論されているか分かるように、大きな見出しラベルが付けられた。こうすることで、社会・経済・環境分野の専門家が、空気の質、動植物のための生息環境、地域社会、エネルギーの利用法、雇用者関連、建築様式、そして何よりも生産性について、それぞれどのように評価しているか、すぐに知ることができた。

このルージュ・ルームには何百人もの社員が訪れるようになり、彼らは冗談でこの部屋を「ウォー・ルーム（作戦司令室）」をもじって、「ピース・ルーム」と呼ぶようになった。なぜなら、フォードの新しい明確な意図に満ちたこの部屋は、正式なミーティングの場所としてだけでなく、さまざまな理由をつけて人が集まる場所にもなっていたからである。

経済性の確保については、すでにフォード社は鋼《はがね》のごとく鍛えられていた。第二次世界大戦中、会社が倒産寸前となり、ヘンリー・フォードは再建に並々ならぬ努力を余儀なくされた。それ以来、会社が何かを行う時には、常に損益に焦点が当てられ、革新には必ず

ルージュ・ルームでは様々な会議や状況分析が行われた。言ってみればホワイト・ハウスのシチュエーション・ルームのようなものである。ホワイト・ハウスとの違いは誰でもこの部屋に入り、利用できたことである。
© John N. Warfield.

何らかの利益が伴うことが要求されるようになっていたのである。そしてこのチームには、株主に利益をもたらすために、あらゆる革新的な方法を考慮する自由が与えられた。会社としての従来の意思決定プロセスにおいても、本書の第5章で述べたような、「フラクタル図」のすべての要素が検討された。

ビル・フォードが新しい意見に積極的であることが知られると、リバー・ルージュ工場のみならず、会社のあらゆる分野（製造、サプライチェーン・マネージメント、購買、財務、デザイン、環境基準、規制順守、研究開発部門など）の何百人もの社員たちが、アイデアを持ち寄るようになった。勿論、社内には抵抗もあった。それは環境保護に対する根強い懐疑心によるもので、環境保護対策は経済とは無縁であるという控えめな意見から、本質的に不経済であるという極端な意見までさまざまだった。

ある早朝ミーティングで、エンジニアの一人がいきなり、

「俺はエンジニアとして、エコ建築についてエコ建築の専門家と話をしに来たんだ。それなのに、あんたは工場中に天窓をいっぱい付けたいなんてことを言う。フォード社では、屋根にはタールを塗るものと決まってるんだよ。そのうえ、あんたは屋根に草を植えたいなんてことまでいう。これじゃあ、お話になんないね！」

と声をあらげた。ちなみに、この人物は、後にこのプロジェクトの中心的存在の一人となった。また、ある開発担当の科学者は、フォード社の科学的側面はあらゆる点において、大きな堀で守られた堅牢な要塞のようなものだったと述べた。そして、

「しかし、城の堀というのは、戦いがあるはずだから作るもので、必要がなければ作る必要のないものなのだ」

と付け加えた。彼にしてみれば、フォード社のこれまでの体制というのは、万全のものだったということなのだろう。

コンセプトは「子供たちが安全に遊べる工場用地」

フォード社はかねてから、自動車製造業界において独自の路線を歩んでいた。当時の環境基準の責任者・ティム・オブライエンの下で、すべてのフォード工場は「環境ＩＳＯ」

を取得していた。これはビル・フォードが以前、環境委員会のメンバーであったことも影響している。環境ISOを取得しているということは、フォード社が製品の品質を測定標準に基づき、管理する能力だけでなく、製品が環境にどのような影響を与えているかについても、監視する能力を有していることを意味する。

フォード社はさらに一歩進んで、供給業者にも同じ認証を受けるように要求していた。つまり、ISOの認証によって、政府などの規制に頼ることなく、自ら積極的に環境問題に取り組んでいたのである。

ティム・オブライエン自身が指摘したように、一般的にルージュ工場のような古い工場を持つ企業は、「聞かざる、言わざる」という態度を取り、現地の環境についてあまり詳しく調査しようとしない。調査すれば、見つかった問題に対して何らかの対策を取る義務を課され、場合によっては裁判沙汰になる可能性もあるからだ。汚染を見つけた場合や、それを認めざるを得なくなった場合には、普通、「EPA（環境保護庁：Environmental Protection Agency）」の規定に従って、汚染された土壌を安全な場所に移して埋めることになっている。このような「削り取って固める」対策は、効率は良いかもしれないが費用がかかり、表土とともに問題を別の場所へ移動するだけでしかない。

フォード社のデザインチームは、「最悪の状況を想定しよう」と決断した。いくつかの工場用地に、実際に汚染があることが判明した時、フォード社は政府に交渉し、新しい方

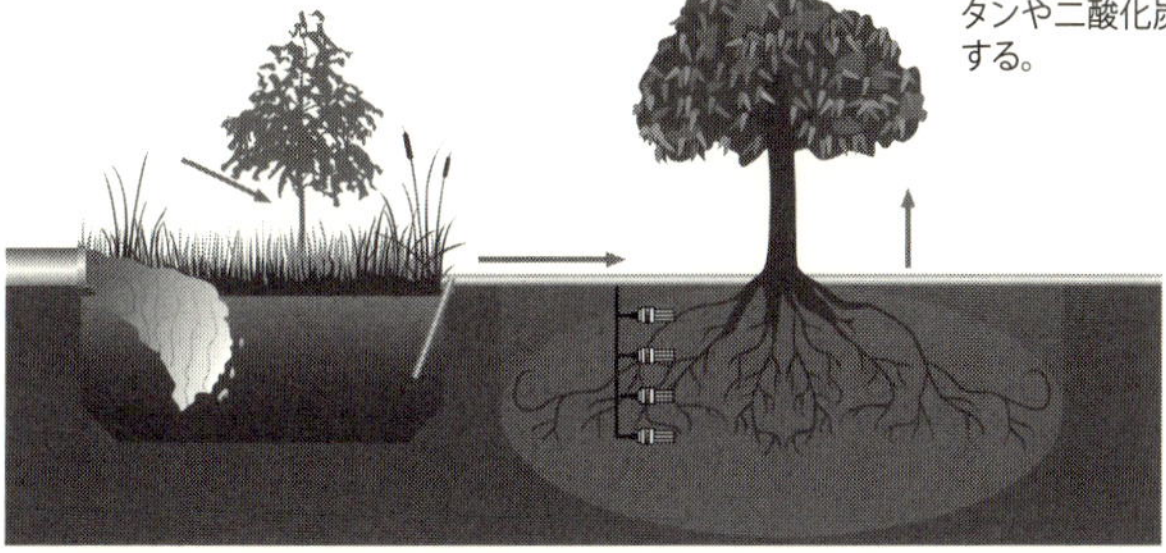
ドライクリーニングや化学繊維、半導体、金属などの洗浄に用いられるテトラクロロエテン、トリクロロエチレン等が人工湿地でバクテリアによって分解される。
人工湿地でバクテリアによって分解されなかった、溶剤として用いられる1.4 ジオキサンなどは、樹木によって吸収され、蒸散される。
これを太陽光が素早くメタンや二酸化炭素に分解する。

ファイトレメディエーションとは、植物やその根圏に共生的に存在する微生物群によって重金属や有機塩素系化合物などを除去・分解し、土壌汚染を浄化するシステムをいう。最近では遺伝子工学を用いてヤナギやポプラのなどの重金属集積植物の能力をより高めた植物を用いることも考えられている。またPCBを分解する植物なども見つかっている。
図参考　Keith Bellingham:Stevens Systems Enhances Ground Water Remediation Effectiveness　By

法による汚染土の処理を試みた。土壌の上部層だけを取り除いて別の場所に埋め、下に残された層を浄化するようにしたのだ。このためにフォード社は「ファイトレメディエーション」などの革新的な浄化方法を試みた。ファイトレメディエーションとは、土壌から毒物を取り除くために植物を利用する方法である。ほかにもキノコや菌類を使う、「マイコレメディエーション」という方法もある。

ルージュ・ルームで草案され、実施される方法には、前向きで積極的な言葉が用いられた。例えば、「除去する」のではなく、「健康な土を作る」といった具合にである。ファイトレメディエーションに利用する植物は、毒物を浄化する性質だけでなく、その土地固有のものであることという条件で選ばれた。また、土壌の健康状態を政府規定の最低基準で測らずに、1立方メートルあたりの土壌に住むミミズの数や、鳥や昆虫の多様性、近隣河川に生息する魚の多様性、地元住民にとっての土地の魅力度などが基準とされた。デザインチームの作業は、フォード社員の「子供たちが安全に遊べる工場用地にする」という、切実な目標によって衝き動かされていた。

環境パフォーマンス向上のアイデア

フォード社は、サステイナブルな製造という新しい課題に取り組む中で、経済的目標に支障を来さずに、環境パフォーマンスを向上させられる方法を、次々と発見していった。そして、こうした成功は、フォード社がさらに野心的な環境保護へ挑戦していくことを正当化していった。

その手始めは、雨水の管理と水質についての取り組みであった。これらの問題に取り組むことは当然のことと思われたし、それにかかる費用もそれほどではないと考えられたからである。しかし彼らは、雨水処理は非常に高くつく可能性があることに気がつく。というのも、水質浄化法によって新たに設けられた規制によると、新しいコンクリートのパイプや水処理場が必要となり、当時の金額で４８００万ドルもの費用がかかる恐れがあったのだ。そこで、その代わりとして考えられた対策は、５センチメートルまでの降水を吸収できる「グリーン・ルーフ」を採用することと、駐車場の表面を透過性にして水を吸収・貯留させることだった。さらに、雨水を人工の湿地帯へ流し、そこで植物や微生物、菌類、その他の生物によって浄化されるようにした。

こうして浄化された雨水は、その土地固有の植物が生い茂る水路を通り、透明できれいな水となって川に流れ込む。こうして、雨水は3日間かけてゆっくり川にたどり着く。もし、雨水が汚れきった奔流となって押し寄せて来るならば、すばやく一挙に処理できるような方法が必要となるが、それでは処理は不完全なものになってしまう。

また、従来型の雨水処理場は場所を取り、人目にもつかないようにしなければならないが、筆者らが提唱するような処理システムであれば、それ自体が景観となり、楽しむことのできる資産となってくれる。このエコ効果的な方法は、水と空気を浄化し、生き物たちに棲み家を与え、景色を美しくし、会社にとっては多額の節約となる。ある試算では、3500万ドルもの節約ができると予測された。

フォード社の行った工場の再デザインは、生態性と経済性だけでなく、社会的な公平性に対する会社の姿勢の表れでもある。古い工場は暗くて湿っぽく、とても快適とは言えない場所だった。従業員は工場内で履く靴と工場の外で履く靴、2足の靴を必要とした。冬になると、週末を除けば何週間も太陽を見ることのない従業員もいた。

フォード社は、創造的で、多様で、生産性のある労働者を惹きつけるカギは、楽しみながら働けるような職場であるという事実に気がついた。そして、ビルのデザイン事務所が設計した、ミシガン州にあるハーマン・ミラー工場を見学することで、フォードのチームは自分たちの考え方が正しいことを確信した。

かくして新しいリバー・ルージュ工場内は、太陽の光で照らされるように設計されただけでなく、カフェテリアも短い休憩時間の間に従業員が日光を浴びられるよう、同様の配慮がなされた。考えてみれば、ヘンリー・フォードの最初の工場でも、当時の電灯が十分なものではなかったために、陽の光は欠かせないものだったのだ。

そして、高い天井を設け、視界を遮るようなものを極力排除し、事故防止の安全対策として、監督者のオフィスやチームワーク・ルームは中2階に設置することになった。また、建物を巨大なダクトとみなすトム・カイザーの考えを採用し、建物全体ではなく、中で働く人々を暖めたり冷やしたりするように空調設備が設計された。(第5章参照)

地域に根づこう

フォード社は、リバー・ルージュ工場を「実験室」と考え、ここで試された新しいアイデアが、世界中の工場デザインに取り入れられることを期待している。フォード社だけでも、世界中におよそ1860ヘクタールもの屋根面積を抱えている。したがって、リバー・ルージュ工場で実績の確認された技術革新であれば、急速に、しかも産業界を一変させるような規模で広まる可能性が十分にあると言える。しかし、具体的な対応策とは、地域の状況を見定め、これに適したものでなくてはならない。グリーン・ルーフはフロリダ州のセント・ピーターズバーグでは成功しても、ロシアのセント・ピーターズバーグ（サンクトペテルブルク）では成功しないかもしれない。

リバー・ルージュ工場の改築を契機に、フォード社の他工場の見直しが始まり、風力発電や太陽熱収集器を「サービス製品」と考えて、工場の電力供給の一部とすれば支出の節約も可能になることが分かった。

フォード社の決意は地域に根づこうというものである。この意思に基づいて、地域ごとの「ソリューション」（対応策）が提案されてゆく。そして、そうした案が試験的に採用されてゆき、その中から最適と見なされた案が本格的に採用されるようになる。採用後も、常にそれが適切なものかどうかの見直しを行い、必要に応じて改善を行う。

こうした地域ごとのソリューションは、次に何を作るのか、どのように製造し、市場に出し、販売し、循環させてゆくかといった、フォード社のあらゆる重要な側面に影響を与えてゆく——。

今後、この新生リバー・ルージュ工場からは、自動車についてのまったく新しい概念が生まれるようになるかもしれない。勿論、フォード社のような、巨大で複雑な機構を持つ企業の変革には時間がかかるものだ。しかし、ひょっとすると私たちは、世界初の近代的な自動車組立工場が建てられた場所に、新時代の自動車解体工場が生まれるのを、この目で見ることができる可能性を期待してもよいだろう。

「エコ効果」への5つのステップ

「エコ効果」の原理を知る

フォード社のように、長く際立った歴史と巨大な組織を持ち、その慣習に慣れきった多数の社員を抱える企業は、どのようにして自社の改革に着手すればよいのだろうか――。長年培われてきた操業方法やデザイン、意思決定の方法などを簡単に一掃することは難しく、必ずしも望ましいとは言えない。

エンジニアは、従来型の「ゆりかごから墓場へ」という直線的なアプローチに慣れ、フリーサイズのツール（何にでも対応できる手段）やシステムというものに注目してきた。また、エンジニアに対する教育もそれらを目指すものであり、エンジニアとして独立しても、常にそうしたことを要求され続ける。そして、エンジニアは原料や化学薬品、エネルギーが将来も今と同じように使うことができると考えてしまう。

こうしたエンジニアたちにとって、新しいモデルや多様なアドバイスを受け入れられるように、頭を切り替えるのは容易なことではない。また、急な需要や納期に迫られる世界では、エコ効果を目指す変革は、やっかいで、負担となり、脅威として受け止められることさえある。しかし、アルバート・アインシュタインが看破したように、我々を悩ませる問題を解決するには、我々は自分たちの思考のレベルを、その問題を生み出した時のレベルから進化させなければならないのである。

幸いなことに、エコ効果を実現するために、いきなり極端な変革が要求されることはほとんどない。まず、特定の製品やシステム、または問題について、エコ効果の原理を取り入れることから始めてゆく。そしてそれを除々に、他の事柄へと敷衍《ふえん》していけばよいのだ。

筆者らはさまざまな規模、タイプ、また文化を持った企業が、このスリルに富んだ変化を経験する姿を見てきた。そして、こうした企業が自分たちの考え方や行動を、エコ効果的なヴィジョンに合うものへと再編していく時に、どのようなステップを踏むのかを観察することができた。

◆【ステップ1】

《危険物を排除する》

個人や企業がエコ効果を取り入れようとする時に、まず最初に行うのは、一般に危険だと認められているものは避けようとすることだ。「リン酸塩無添加」「鉛無添加」「無香料」などと謳った製品が多く出回っているので、この方法は比較的自然に受け入れられる。

しかし、よく考えてみれば、このやり方はエコ効果の実践としては奇妙だ。

例えば、来客に食事を出す際、思いのこもった家伝のレシピや、美味しい素材を見つけるための苦労話をするのではなく、誇らしげに「ヒ素なんてものは入っていませんよ」などと言ったら、相手はいったいどのように反応するだろうか――。

「危険なものは避ける」という方法の持つ潜在的な不条理や、それでは気づかれにくい問題が隠蔽されてしまう可能性を認識しておく必要性がある。例えば、ある洗剤はリン酸塩は「無添加」だとする。しかし、その代わりに何かもっと悪い材料が使われているかもしれないのだ。

従来型の印刷用インクの転写に用いられる溶剤は、石油化学製で問題が多い。だからといって、水性インクに切り替えることで「脱溶剤化」を図っても、インクに含まれる重金属が生態系に侵入しやすくなるだけなのだ。製品の原材料とその配合方法を、建設的に選定することが目標であることを忘れてはならない。

数年前に筆者らは、ある食品会社から「塩素無添加」の容器開発を依頼された。ところが、このプロジェクトに真剣に取り組めば取り組むほど、我々にはそれがまるで悪い冗談であるかのように思えてきた。なぜなら、単に一つの材料を使わないようにしたからといって、その製品が健康的で安全なものになるとは限らないからだ。

すでに指摘したように、紙を塩素無添加にしようとすると、リサイクル紙よりもバージン・パルプのほうが良いということになる。そして、たとえバージン・パルプを使用したとしても、自然の樹木には塩素が微量含まれており、それがパルプに混入してしまうのだ。

このほかにも、パッケージには問題のある材料が含まれていることが分かった。例えば、パッケージはポリウレタンでコーティングされているし、表示の印刷に使われているインクには重金属が含まれていたのだ。しかし、こうした材料は、一般に公開されているような環境有害物リストには載っていなかったため、その危険性がほとんど知られていなかった。経費も労力もかけずに売上げを伸ばすには、いっそパッケージに「プルトニウム不使用」とでも書いておけばよいと思ってしまうこともあった。

ところで、この食品会社は何とか塩素無添加のパッケージを作るまでにこぎつけた。ところがその結果、食品そのものに塩素系のダイオキシンが含まれていることが判明したのは、皮肉としか言いようがない。

《生体に蓄積するX物質》

物質の中には生体に蓄積する性質を持つものもあり、明らかに有害であることが知られている。したがって、こうした物質を排除することは、ほとんどいかなる場合でも有益な措置となる。

筆者らはそのような物質を「X物質」と呼んでいる。例えば、PVCやカドミウム、鉛、水銀などがこれに該当する。そして米国内で販売されている体温計に含まれる水銀は、年間4・3トンと推定されている。たった1グラムの水銀が、約2000平方メートルの池の魚を汚染してしまうことを考えれば、体温計の脱水銀化は望ましいことである。実際、水銀式体温計の撲滅運動は盛んになりつつある。

ところが、体温計に使用されている水銀は、米国で使用される水銀のほんの1パーセントにしか過ぎない。最も水銀の使用量が多いのは、各種の工業用スイッチなのだ。それにもかかわらず、自動車の水銀スイッチを廃止しようとしている自動車メーカーはいまだに少ない。ボルボ社は何年も前からこの問題を指摘しており、PVCの段階的廃止も計画しているが、ほとんどのメーカーはまだこのPVCの問題にも取り組んでいないのである（※訳者注）。いずれにしても筆者らは、産業界全体で脱水銀化を進めることが不可欠だと考えている。

明らかに危険である物質を製品から取り除くことは、筆者らが「デザイン・フィルター」と呼ぶものの基本である。このフィルターは工場の末端にあるのではなく、デザイナーの頭の中に存在する。

デザインの段階では、フィルターはまだ大雑把なもので、食事会を開くときに、招待した人が病気になったり、アレルギーを起こすような食材を使わないように考えることと、ほとんど変りない。それでも、これはゴールに向けての第一歩ではあるのだ。

※訳者注＝アメリカでは2006年に環境保護庁（EPA）が「自動車用水銀スイッチ回収プログラム」を公表し、スクラップ業者に回収を働きかけている。日本は水俣病の経験国として水銀の使用・廃棄に関する規制は厳しい。また、自動車のリレー・スイッチとしては従来から使われてはいない。ただし、だからといって国産自動車の全ての部分で水銀スイッチが使われていないというわけではない。また、水銀スイッチの持つ有用性を無視することもできないのも事実である。

◆【ステップ2】

《情報に基づいた選択》

1980年代初頭、ビルが世界初のグリーン・オフィスとして、環境防衛基金の本部を設計したとき、素材の採用を検討している各メーカーに質問状を送り、それぞれの製品にどのような材料が含まれているのかを問い合わせた。しかし、戻ってきた回答は、「あいにく情報の公開はしていません。わが社はすべてにおいて合法的な材料を使用しています。これ以上のご質問はお答えできません」というものだった。

メーカーの持つデータが得られないため、ビルたちは限られた情報を元にして、材料の選択をせざるを得なかった。例えば、何が含まれているか分からない接着剤に、人体が接することを避けるため、カーペットは糊付けする代わりに釘止めにした。ビルたちとしては、カーペットをリサイクルできるように、低放散性または無放散性の接着剤を使いたかったのだが、当時はまだ、そのようなものは存在しなかった。同じような理由で、塗料も水性のものを選択した。

照明については、全波長照明を使用すれば、その下で人々が快適に働けるのは確かだった。しかし、そのような照明を採用するには、ドイツから電球を輸入しなければならなかった。そうしなければ、電球の中にどのような化学物質が入っているのか、またどのような生産環境で製品が作られているのかが分からなかったからだ。

ビルたちはすべてのデザイン決定において、得られる限りの情報と美的判断に基づいて、取捨選択を行った。環境に良いからといって、美しくないものを選択することはしなかった。彼らは醜い施設を設計するために雇われたのではなかったからだ。

《自分の好みに基づいた選択》

ビルが建築家としてこのような問題に取り組み始めたのは、1970〜1980年代頃である。当時、彼は良い材料を探して使用することこそ、自分の仕事だと信じていた。そして、良い素材はすでに世界のどこかに存在するものと思っていた。問題は、何がどこにあるのかを見つけ出すことだけなのだと考えていた。

しかしほどなく、彼は真にエコ効果的な建築デザインを実現するために必要な材料が、世の中にほとんど存在しないことに気づくようになる。そして、そのような材料の製造を支援したいと考え始めるようになった。マイケルもビルと出会った頃、ちょうど同じような考え方を持つようになっていたので、我々が共同して取り組む仕事の方向性ははっきりしていた。

我々は素性の不明確な材料で埋め尽くされた、巨大な市場の真っただ中に立っているというのが真実である。何を使って、どのように作られているのかということについて、我々にはほとんど分からないのである。そして我々が知り得る限りにおいては、現状はあまり芳しいとは言えない。

例えば、筆者らが分析した製品の大部分は、真にエコ効果的なデザインであるための基準を満たしていなかった。それにもかかわらず、デザイナーは「どの材料であれば使用しても大丈夫か」という難しい問いについて迅速な決断を迫られる。食事に招待した人たちが、あと2、3時間で、お腹をすかせてやってきてしまう。それなのに、健康的で栄養のある食材は少なく、遺伝子組み換え作物のように、素性の知れないものばかりだ。かといって、納得のいく食材がそろうまで、料理を始めないというわけにいかないといった具合なのだ。

誰でも個人的な理由で菜食主義者となり、肉を食べることをやめることはできる。そこまで極端とはいかなくても、ホルモン剤を投与された動物の肉は食べないようにすることぐらいはできる。しかし、肉以外の食材に関してはどうだろうか――。菜食主義者になったからといって、野菜や穀物がどのように育てられ、取り扱われてきたかが分かるようになるわけではない。たとえ有機栽培のホウレン草を選んだとしても、取扱業者の包装・輸送方法を知らないのなら、本当に安全で環境に良いものかどうかは分からない。自分で栽培しない限り、こうしたことについて確信することは無理なのである。だからといって、何もしないでいる訳にもいかない。できるところから、食の安全に関して、取り組みを始めなくてはならないのだ。

その第一歩は、人体への安全性や環境への配慮を考慮した上で、自分の好みに基づいた選択をすることである。そのほうが何も考慮せずにいる場合に比べて、はるかに大きなエコ効果を生み出すことが期待できる。

毎日の生活の中で、我々は「塩素無添加の紙」か「リサイクル紙」か、どちらも理想的とは言えないものの、その中からどちらかを選ばなければならない。「合成繊維」と「天然の綿」の、どちらかを選ばなければならないということもあるだろう。この場合「天然」の綿といっても、それは石油から生成される窒素肥料や、露天掘りされた放射性リン酸塩、それに殺虫剤や除草剤などを大量に使って栽培された可能性がある。さらには、その場では思いもつかないような、社会的公平性の問題や、環境への悪影響などが潜んでいるかもしれない。

いずれにせよ、何を買うにしても小難か大難か、どちらか選ばなければならないとしたら、人は無力感や挫折感に苦しめられるばかりになってしまう。それゆえに、何かのデザインを改めようとする時には、よくよく考えられたアプローチをとることが重要となるのである。まず、与えられた状況の中で、できるだけ良い選択をする方法について、以下で紹介していこう。

《生態学的に賢くなる》

明らかに人間や環境に害のある物質を含んでいたり、害を及ぼすような方法で作られた製品は、できる限り避けるべきである。

建築を例にあげると、筆者らの仲間の建築家たちなら、サスティナブルな方法で伐採された木材を選択すると言うだろう。だからといって、使用する木材一つひとつについて、詳しく調査をする必要はなく、森林管理協議会に認証された木材を選べばよい。確かにこれでは、その木が伐採された森を実際に見たわけではないし、業者がどれほどサスティナビリティーについて真摯に取り組んでいるのかも分からない。しかし少なくとも、我々はその時点で、分かる範囲内で、なるべく人にも、環境にも良い製品を選んでいることに変わりはない。それでも何も考慮しないで選択してしまうよりは、よい結果に結びつく可能性がある。マイケルは、一般的に「ＰＶＣ無添加」と銘打った製品や、良心的だと感じられる製品を作っているメーカーは、人や環境に対してある程度の使命感を持っていると考えてよいと指摘している。

我々はある自動車メーカーと一緒に仕事をする中で、すぐに入手できる材料の中にも、重要な長所を持つものや、多くの材料に共通して見られるような問題点を持たないものがあることが分かった。ゴム、新しいポリマー、発泡金属、マグネシウムのような「より安全な」金属、ダイオキシンを放散しないコーティング剤やペンキなどである。

我々が材料を選ぶ時には、なるべくメーカーによって回収・解体され、技術的に再生産・再利用が可能なものを選ぶようにしている。それが難しければ、技術的代謝のレベルとしては低くなるが、「ダウンサイクル」できるものを選択している。

化学合成製品も、添加物が少ないほうが好ましい。安定剤、酸化防止剤、抗菌物質、洗浄液などは、製品を清潔で健康的に見せるため、化粧品から塗料に至るまで、あらゆるものに添加されている。しかし、本当にこのような薬剤・薬液が必要となるのは、外科医くらいのものなのだ。それでもこうした薬品や物質を乱用すれば、微生物をより強力に進化させ、環境や人間に対して未知の影響を及ぼしかねない。

一般に、室内で安全に使用できる製品は非常に少ないので、我々はなるべく人に害を与える危険性が低いもの、例えばオフガスが少ないもの◆を選ぶようにもしている。

◆**オフガス**……プラスチック・ゴムなどの有機素材から自然に発生する、あるいは加熱によって発生するガスのことで、数百種類にも及ぶガス成分から成る。

《気配り》

気を配ることは、エコ効果的なデザインの核となるものだ。気配りの質を数値化することは難しいが、さまざまなレベルで表れるものである。そして、そのうちのいくつかは、エコ効果を考慮しつつ、材料を探すデザイナーにとっては明白なものもある。例えば、製造者への気配り、製造工場の近隣に住む人への気配り、製品を運ぶ人や取り扱う人への気配り、そして何よりも消費者に対する気配りなどである。

しかし、消費者に対する気配りは複雑である。人々が市場において何を選択するかは、たとえそれが環境を配慮した選択であっても合理的であるとは限らず、また簡単に操作されてしまう。マイケルはこれを実際に経験している。彼は国際的なヘアケア・化粧品会社であるウエラのために、どうすれば消費者が環境に配慮したパッケージ入りのボディ・ローションを選んでくれるかという調査を行ったことがある。

この時の調査は、マーケティングとパッケージングという2つの視点から行われた。最初に、マイケルはまったく同じ商品を通常のパッケージと、かなり地味な「エコ」パッケージに入れて並べて陳列してみた。すると、少数とはいえ、かなりの人が「エコ」パッケージのほうを選択した。しかし、同じ「エコ」パッケージを中身は変わらないが、派手な「高級」パッケージに入った商品の隣に並べると、「エコ」パッケージの売上げ数はうなぎ登りに跳ね上がったのだ。

人は、自分は賢くほかの人とは違う存在なのだ、という気分にさせてくれるものを選びたがるものである。逆に、自分に愚鈍さや知性の無さを感じさせるものには手を出さない。

この複雑な購買動機を、メーカー側は良くも悪くも利用することができるのだ。

その一方で、買う側の人間は、物を選ぶ時には何が欲しいのかという、自分の動機を十分に認識しておくことが賢明と言える。中身と「宣伝」が一致した商品を選ぶことも大切である。そうすることで、自分の環境に対する問題意識を、態度として表明することができるからだ。

《喜び、楽しさ》

我々にとって、もっとも分かりやすい製品の評価方法は、その製品から喜びや楽しさを感じるかどうかである。それゆえ、生態学的に知的な製品には、時代の最先端をゆくデザインを取り入れる必要がある。

生態学的に知的な製品に、もっとも創造的なデザインを活かすことは可能だ。そして、創造的なデザインは生活に楽しみや喜びを加えてくれる。生態学的に知的な製品を選ぶのに、罪悪感など感じる必要はないはずだ。けれども、それをそれ以上のものに、躊躇《ちゅうちょ》することなく「これだ！」と感じて選べるようなものにすることが、必ずできるはずなのである。

◆【ステップ3】

《「技術的格付け表」による分類》

この段階から、デザインの評価や方法は、真にエコ効果的なものになっていく。当然のことながら、簡単に手に入るような情報だけで製品を評価することはなくなる。その製品に使用されている材料、製品の製造過程と製品の使用中に放出される物質などについてすべて調べ上げ、それぞれについて詳細な評価を行う。

- リストアップされた材料や物質に少しでも問題はないか、あるいは問題を起こす可能性はないか？
- それはどのような問題なのか？
- 毒性があるのか？
- 発ガン性はないか？
- 製品はどのように使用されるのか、そして使用後はどうなるのか？
- 地域社会および地球全体にどのような影響を及ぼすか、または影響を及ぼす可能性があるか？

こうした点についてのスクリーニングをした後に、調べた材料・物質を以下に挙げる「技術的格付け表」に沿って分類していく。この技術的格付け表は、各材料・物質を有害度の緊急性と直接性の側面から分類するようになっている。

《Xリスト》

前述したように、「Xリスト」には最も問題の大きい物質が含まれる。催奇性、変異原性、発ガン性などの点において、明らかに人間や環境に直接害を及ぼす物質が、ここに分類される。また、まだ完全に有害性が実証されていなくても、非常に危険な可能性のある物質もここに含まれる。

国際がん研究機関（IARC）の「発がん性リスク一覧」およびドイツの「作業場における許容濃度（MAK）リスト」に含まれる発ガン性物質やその他の有害物質も含まれる。例えば、アスベスト、ベンゼン、塩化ビニル、三酸化アンチモン、クロムなどである。「Xリスト」にある物質は、最優先で完全に使用廃止されるべきであり、必要なら別の物で代用するべきである。

《グレー・リスト》

このリストにある問題物質は、さほど緊急性はないが、段階的廃止が求められるものである。これには有害であることは分かっているが、製品の製造上どうしても不可欠な物質で、現時点では有望な代替物質がないものが含まれる。例えば、カドミウムには高い毒性があるが、現在は太陽光発電装置に使用されている。仮に、太陽光発電装置がサービス製品として生産・販売され、メーカーがカドミウムの所有権を持ち、技術的栄養分として回収されるとしよう。この場合は、太陽光発電装置がもっと安全なデザインのものになるまでの間、カドミウムは適切かつ安全に使用されることになると考えてもよい。

それよりも、考える必要があるのは家庭用の電池に含まれるカドミウムについてである。なぜなら、現在それは電池ごと埋立地に捨てられてしまっているのだ。ひどい場合には、「廃棄物をエネルギーに変換」するはずの焼却炉から、大気中へと廃棄されている。このことのほうが、よほど差し迫った問題だろう。

《ポジティブ・リスト》

以下は、我々が「ポジティブ・リスト」と呼ぶもので、「推奨リスト」と呼ぶこともある。ここには、現時点において、安全で健康であるとみなされる物質も含まれる。このリストでは、以下のような基準を考慮する。

- 飲み込んだり吸い込んだり吸い込んだりした場合の急性毒性の有無
- 慢性毒性の有無
- 強い感作性（アレルギー誘発性など）のある物質かどうか
- 発ガン性、変異原性、催奇性、あるいは内分泌撹乱を引き起こす物質でないか、または

その疑いはないか

- 生体蓄積性が認められる、あるいはその疑いがある物質
- 水棲生物（魚、ミジンコ、藻、微生物）や土壌生物にとって毒性はないか
- 生分解性であること
- オゾン層を破壊する可能性はないか
- 副産物もまた同様の条件を満たすかどうか

［ステップ3］における製品の再デザインは、既存の生産や製造の枠組みの中で行われる。この段階では材料を分析し、有害なものは可能な限り、ポジティブ・リストに入っているような材料で代用するだけである。製品が何でできているかを考えるだけで、それがどのようにして作られたか、またはどのように市場に出され、使用されているかまでは考慮されない。夕食の準備に例えてみよう。まず、ホルモン剤を用いずに有機飼育された牛肉を使う。ホウレンソウも、地元の野菜市場で見つけた有機栽培のものを使用する。さらに、来客の一人がアレルギー体質だと分かったので、ケーキにナッツを入れるのはやめにする、といったところだ。しかし、メニュー自体は変えずに、同じ内容のままである。

例えば、あるポリエステル生地のメーカーで、使用していた青色の染料に変異原性と発ガン性があると判明したため、より安全な青色染料に切り替えたとする。この場合も、既

存の製品を段階的に改善してはいるが、その製品を抜本的に見直しているわけではない。車のデザインであれば、メーカーに対して、車そのもののデザインを考え直さずに、内装やカーペットをアンチモン無添加の素材に変えるよう提案すればよい。クロムの入った黄色のペンキをクロム無添加のものに変更することもできる。問題のある材料、問題の可能性のある材料、まったく未知の材料などは、必要がないものであれば省けばよいのである。

この段階では、その材料の素性について、より広い視点からより詳しく調べるようにする。なぜなら、製品に問題のある物質が含まれていたとしても、それは材料に由来するのではなく、その製品を製造する機械やその周辺から混入する場合もあるからだ。そのような場合、例えば機械の潤滑油が問題であれば、すぐに別のより問題の少ないものに切り替えられる可能性も出てくる。

しかし、このステップでさえ、産みの苦しみが伴う。企業が大幅なデザインの変更をせずに、使用素材だけを変えようすれば、従来通りのクオリティ（品質）を要求されてしまうからだ。例えば、消費者は以前の青色とまったく同じ青色を求めようとする。また、実際、製品の組成の複雑さに直面したときには、気力の失せるような思いにさせられる。筆者らが調べた範囲内だけでも、広く日常的に用いられるシンプルな素材の中にさえ、138種類もの有害または有害の可能性がある物質が含まれているものがあった。しかし、［ステップ3］からが真の変革の始まりであり、ポジティブ・リスト の作成は我々の創造力を奮い立たせるものだ。このリストに触発されて、既存の製品が持つ問題点を回避するための、まったく新しい製品ラインが開発されることにもつながる。それは「パラダイム・シフト◆」であり、次なるステップへと我々を導いてくれるものだ。

◆パラダイム・シフト……ある時代もしくは集団を支配する考え方が、非連続的・劇的に変化すること。

【ステップ4】

《「ポジティブ・リスト」の活用》

いよいよ真剣にデザインを見直す段階となる。ここからは「レス・バッド」な考え方をやめ、どのようにすれば良くなるかと考えていく。エコ効果の原則を出発点に、製品が生まれ、その使命を終えるまで、常に生物的・技術的栄養分となるようにデザインを考える。料理に例えれば、もはや代わりの食材を使うのではなく、古いレシピを投げ捨て、調理して楽しく、美味しいアイデアがあれこれ浮かぶ、滋味豊かな材料をたっぷり用意して、まったく新しい料理を考えるのだ。

自動車製造に取り組んでいるのであれば、この段階に到達するまでに、既存の自動車について学ぶべきことはすべて学んできている。自動車がどんな素材からできているか、その素材をどのように組み合わせるかについても、すでに理解している。このステップでは、代わりの素材ではなく、まったく新しい素材を探していくことになる。そしてその素材は、安全かつ生産的に、技術的・生物的循環の中に還っていけるようなものでなければならない。

例えば、ブレーキパッドの材料やタイヤのゴムには、すり減っても安全に消耗できるものを用いる。シートには、口に入れても大丈夫な生地を使う。鋼材から剥がれ落ちる可能性のある塗料は、生分解性のものを用いる。あるいは塗装をまったく必要としない樹脂材料を使うことも可能だ。自動車が解体されることを前提にデザインをし、鋼材やプラスチック、その他の技術的栄養分を再利用できるようにする。

その素材に含まれるすべての成分情報をコード化し、スキャナーで読み取れるように、素材そのものに組み込む。これは「アップサイクル・パスポート」とでも言うべきものである。こうすれば将来、その素材の生産的な再利用がしやすくなる。この発想は、さまざまな分野におけるデザインや製造の場で活用できるはずだ。例えば新しい建物にアップサイクル・パスポートを付け、建設に利用したすべての物質を記録しておけば、その建物を取り壊すような場合、どれが技術的代謝の栄養分となり、どれが生物的代謝の栄養物となるかがすぐ分かり、再利用がしやすくなる。

こうしたアイデアは、現在の「自動車」という概念を大きく改善するものである。自動車でスクラップの山を作らないで済むようになるのだ。しかし……それでも自動車は自動車である。また、自動車台数の増加に合わせて、アスファルト舗装の道路などを広げてゆくような現在のシステムも、私たちが思い描く豊かな未来のためには必ずしも望ましいものとは言えない。バックミンスター・フラーの冗談に、「もし宇宙人がやってきて、地球を上空3キロメートルから観察したら、自動車がこの星の住民だと思うだろう」というものがある。個人にとって自動車自体は、喜びをもたらしてくれるものだが、交通渋滞やアスファルトで覆われた世界はそうではない。さて、自動車を自動車としてできるかぎり完璧に近づけたところで、次のステップを考えてみよう。

◆【ステップ5】

《再発明》

ここからは、もはや効果的な生物的循環や技術的循環のデザインを考えるのですらない。デザイン課題そのものを新たに設定し直すのだ。例えば、「自動車のデザイン」ではなく、「給養車（nutrivehicle）のデザイン」を考えるのである。有害な排気を出さない・排気の非常に少ない自動車のデザインという発想ではなく、有益な排気や環境にとっての栄養を生み出す自動車を考えるのだ。

そのためには、エンジンは、自然のシステムを模倣した化学工場のようなものにする。この自動車が排出するものすべてが、自然または産業にとって滋養となるようにするのだ。例えば、燃料が燃焼する際に発生する水蒸気は集めて水に戻し、再利用ができるようにする。ちなみに、現在の平均的な自動車は、ガソリンを1リットル燃やすごとに約5分の4リットルの水蒸気を発生する。キャタライザー（触媒式排気ガス浄化装置）の小型化を図る代わりに、自動車エンジンが排出する亜酸化窒素から肥料を作る方法を開発し、運転中に可能な限り多くの肥料を作って溜められるようにする。ガソリンを燃焼させる時に出る二酸化炭素も、炭素だけをカーボンブラックとしてキャニスター（容器）に貯蔵し、ゴムメーカーに売れるようにする。タイヤも流体力学を応用して、有害な粒子を引きつけて捕まえるように設計すれば、自働車は空気を汚すどころか、清浄化しながら走るものになる。そしてもちろん、存分に働いて寿命をまっとうした自動車のすべての材料は、生物学的・技術的循環に還元できるようにする。

さらに、デザイン課題を発展させていこう。

「新しい交通インフラをデザインする」のである。つまり、レシピを新しくするだけでなく、メニューそのものも新しいものにする——。交通網や交通施設に代表される交通インフラは無秩序に広がり、自然環境を破壊し、住宅や農業に使えるはずの土地を奪っている。ちなみに、現在、ヨーロッパの道路用地の広さは住宅用地のそれとほぼ等しく、さらにこの両者は農業から土地を奪おうとしている。

従来の交通機関の発展は、騒音、排気、景観の破壊などによって、クオリティ・オブ・ライフを我々から奪ってきた。有害な排気を出さない給養車であれば、まったく新しい幹線道路の考え方が生まれる。なぜなら、道路の周囲を緑地化できるからだ。つまり、道路の周囲を住宅や農業、レクリエーションのための土地として利用できるようになるのだ。これはそれほど難しいことではないかもしれない。というのも、公共緑地はまだまだ十分に整備されているとは言えないが、それでもその多くは道路ぎわに設けられているからだ。もし今後20年で、世界の自動車台数が現在の3倍になってしまったなら、たとえカーボン・ファイバー（炭素繊維）によって超軽量化され、1リットルあたり100キロメートル走れる低燃費車であっても、たとえ給養車であっても、ほとんど意味がなくなる。地球は自動車であふれ、我々は何か別の手段を必要とするようになる。

それでは、そのような未来を見越した課題とは何だろうか――。「輸送という概念そのものをデザインすること」である。

あまりに空想的だろうか――。その通りである。しかし思い出して欲しい。昔、馬と馬車を使っていた時代には、自動車そのものが空想的な乗物だったのだ。

この最後のステップに終着点はない。結果として生まれた製品は、取り組み始めた時に考えていたものとは、まったく違うものになっているかもしれない。しかし、それは最初の構想からさらに進化したものなのだ。たどりついた製品は、これまでの各ステップにおいて明らかとなった限界を物語っている。デザインとは、常に進化する技術的・文化的な文脈のなかで、人のニーズを満たそうという試みに根ざした営みなのである。

まず、既存の物質を、「ポジティブ・リスト」によって検討していく――。次に、実現可能性が考えられ始めたもの、あるいはまだ実現可能と思われていないものさえも、「ポジティブ・リスト」で評価する。「ポジティブ・リスト」をフルに活用することで、私たちはまったく新しい可能性に向かって想像力を働かせるようになる。

我々は以下のように問いかけていくのである。

- 消費者のニーズは何か？
- 文化はどのように進化しているのか？
- 消費者や文化の目的に見合うような製品やサービスには、どのような魅力や差別化が必要なのか？

「エコ効果」への5つの指針

ナイキの変革

エコ効果的なヴィジョンへの移行は、一気になされるものではない。数多くの試行錯誤が必要であり、時間、労力、資金、創造力など、あらゆる方面に向けて費やさなければならない。

スポーツ・ウェアのナイキは、新素材や製品の使用・再使用に関する新しい在り方を模索するなど、多くのエコ効果的な取り組みを率先して行っている企業である。この会社にとっての課題の一つが、有害物質を使わずに皮をなめすことである。つまり、ハイブリッドの怪物ではない、使用後は安全に堆肥にできるような皮製品を作ろうというのである。皮なめしは、自動車や家具、衣服など、多くの製品に用いられるので、この挑戦はいくつもの産業に変革を起こさせるかもしれない。

ナイキはまた、生物的栄養分となるような新しいゴム化合物を研究しているが、これも多くの産業分野に革新的な影響を与える可能性がある。廃品回収においても新しい回収方法を模索している。このようにナイキは、技術的・生物的栄養分を生産するだけでなく、それを回収するシステムを確立しようとしている企業なのである。

こうした変革は段階的に進めて行くことが重要である。ナイキは、まったく新しいタイプの靴を市場に出すまでの移行期の対策として、回収した使用済みの靴から甲の部分、靴底、中底のクッション部を取り分けて細かく砕き、それをスポーツ施設の舗装材として利用してもらえるよう、さまざまな施設に働きかけている。これは靴素材の衝撃吸収性と風雨や汚れに強い特性を活かした、非常にハイレベルな再利用法である。彼らの今後の目標は、多様な地域性や文化性に対応した「アップサイクリング」を可能にしていくことである。

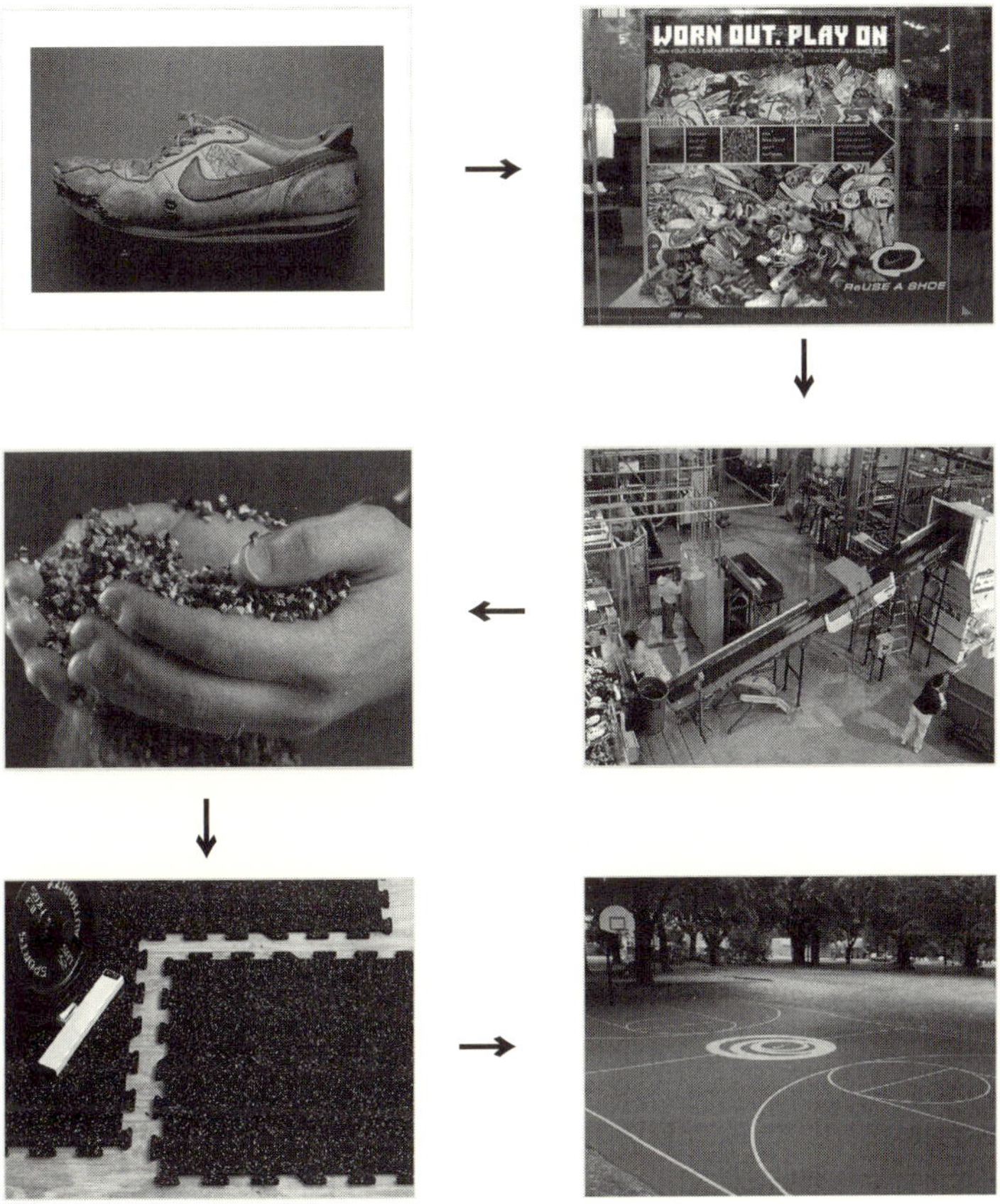

ナイキにみるサステイナブルなものづくりへの取り組み
© NIKE, Inc

新しい試みのすべてが成功するわけではない。ナイキの婦人靴部門の国際部長・ダーシー・ウィンスローによると、ミドルテク産業およびハイテク産業において、新しい試みが成功する率は10パーセントから15パーセント程度であるという。ナイキはいくつかの試験的プログラムに着手するなかで、廃品回収プログラムの複雑さを理解し始めている。彼らはこうした試みのうちの一つ、あるいはそれ以上が成功するだろうと期待している。とはいえ、ナイキは約110カ国で製品を販売しているので、成功した試験的プログラムであっても、さらに地域や文化に合わせてデザインしていかなければならない。

デザイン開発者やビジネス・リーダーが、各段階における移行のための舵取りに失敗せずに、より成功を確実にするためにできることがいくつかある。これらについて、以下に紹介していこう。

1 趣旨をはっきり示す

最初にできることは、古いやり方を少しずつ改善していこうというのではなく、まったく新しいやり方に変えていくのだと約束することだ。ビジネス・リーダーが、「我々は太陽光発電で動く製品を作るのだ」と宣言するだけで、社内の誰もが、会社の進歩的な趣旨を十分に理解する。現状に束縛される市場では、全面的かつ迅速な転換は難しいゆえに、はっきりと意思表明することは大変重要である。この場合の趣旨とは、古いモデルを改善して、少々効率を良くするというようなものではなく、枠組み自体を変えるものでなくてはならない。

会社の「現場」の社員にとって、彼らが社内の抵抗に遭った時に、トップのヴィジョンが非常に重要となる。フォード社・不動産部門の副責任者に就任したティム・オブライエンは、「『イエス』をもらう場所は知っている。それは12階だ」と言っている。12階は、フォード社の進歩的な経営幹部チームがいる場所である。彼らの考え方は、「会社が次に踏むステップについて、意見の相違はあるかもしれない。しかし、会社の方向性について意見に相違はない」という点で一致している。

重要なことは、表明される趣旨は、健全な原則に基づき、物理的な素材の変化だけでなく、価値も変化するのだというメッセージが、はっきり伝わるものでなくてはならないことである。例えば、ある企業が太陽エネルギーの利用を始めるとする。この時、太陽光発電装置に毒性のある重金属が使用されているのに、使用後の用途や廃棄方法をまったく考慮していなければ、廃棄の問題がエネルギーの問題にすり替えられてしまったということになる。

② 回復させる

次になすべきことは、経済的な成長だけでなく、「良い成長」をも目標に据えることである。これまでに述べてきたアイデアやデザインを、「種」に例えてみよう。この「種」は、あらゆる文化的、物質的な形、さらには精神的な形をとることができる。例えば、荒廃した町に蒔く「種」として、新しい交通機関、ゴミ問題やスプロール現象◆を引き起こさない革新的なサービス供給方法、浄水設備、空気の浄化や美観を考えて緑地や植木を増やすこと、古く崩れかかった建物の修復、店舗や市場の再活性化などが考えられる。

もっと小さな規模では、建物に自己回復機能を持たせることが考えられる。建物がまるで木のように、水を浄化して大地に戻し、建物自体が機能するために太陽光を吸収して利用する、他の生物に棲み家を提供する（例えば、デザイナーは屋上や中庭を鳥たちにとって魅力的な場所になるよう設計できるはずだ）、そして環境に何らかのお返しができる工夫をする。そしてもちろん、建物自体が生物的・技術的栄養分となるようにデザインするのである。

◆**スプロール現象**……都市計画とは無関係に、郊外の地価の安い地域などに住宅が無秩序に建ち並んでいく現象。

③ さらなる革新に備える

どんなに良い製品であっても、それを完成させることが最良の投資になるとは限らない――ということを忘れてはならない。例として挙げれば、エリー運河の完成には４年が費やされ、完成時にはこの運河は効率の象徴のように称えられた。しかし、施工者や投資家は、安い石炭や鋼鉄の出現が運河を短期間のうちに破綻させるとは、予測もしていなかった。安い石炭と鋼鉄は、鉄道という輸送手段を急速なスピードで、より速くて、安く、便利なものへと進化させてしまったのである。このため、エリー運河が完成した頃には、船舶による輸送手段よりも、優れた技術と、新しい市場が出現してしまったのである。

自動車業界が、燃料電池を自動車エンジンの主要動力源として用いるようになった時、内燃エンジンの性能と効率だけに力を注いできた他の企業は、時代に取り残されたことに気づくだろう。こうした企業はそのまま同じ製品を作り続けるべきだろうか、それとも、新しい機械を開発すべきなのだろうか——。

企業が革新を行うためには、自分たちの会社の外に目を向け、地域社会や環境、そして世界から発信されるシグナルに対して、注意を怠らないようにする必要がある。フィード・バックだけでなく、「フィード・フォワード」——つまり未来に何が起こりうるかを予測し、それを考慮に入れていくことが重要になるのだ。

④ 余裕がなければ進化はできない

「変革」というものは痛みをともなう難しく、面倒なもので、余分な物と時間が必要になることを認識しなくてはならない。翼の開発が良い例である。もし、あなたが飛びたいと考えるなら、ある時点で、目的や機能の面で曖昧で余分なものを持つこと、すなわち冗長性が必要となる。そしてその特性を翼へと進化させるための、研究・開発の努力を続けなければならない。鳥の翼は、そもそも別の目的で使われていた前肢と、保温のために生まれた羽毛が、次第に滑空、飛行のためのものへと進化した結果だと考えている学者は多い。生物学者のスティーブン・ジェイ・グールド◇は、こうした考え方を、産業界にも参考になるようなかたちで語っている。

「すべての生物学的構造は、遺伝子から臓器まですべてのスケール（規模）において、かなりの冗長性を維持し続ける能力を持っている。つまり、適応し続けるために最低限必要とされるよりも、はるかに多くの物質や情報を生み出すことができるのである。そしてこのような余剰物質が、進化の新しい試みのために使われるようになる。なぜなら、それでもまだ十分に、もともと必要な機能を維持することができるからだ[*59]」

つまりは、「形態は進化に従う」ということなのである。

将来、自分が何を作らねばならない必要に迫られるかを、現時点では見当もつかない場合もある。しかし、もし自分の持っている資源を、すべて基本的な機能に割り当ててしまえば、革新やそのための実験を行う余裕はなくなってしまう。

状況に適応し、革新する能力を持つには「ルース・フィット」——つまり新しいやり方で成長するための余裕が必要なのだ。自動車メーカーであれば、既存のモデルの改善にすべての時間と経費をかけるのではなく、並行して「フィード・フォワード」に基づく新しい車のデザインをも手掛ける。デザインのイノベーション（革新）には時間がかかるものだが、確実に言えることは、現在の「理想的な」自動車は、10年後には過去のものとなっているということだ。そして、自分たちにはまったく新しいものが何もなくても、競合他社も同じだとは限らないのだ。

＊59 Gould S.J. Creating the Creators. Discover, Oct., (1996) pp.43-54

⑤ 世代間で責任を持つ

1789年、トーマス・ジェファーソンはジェームズ・マディスン宛◇に出した手紙で、国債は負債として一世代の間に返済すべきであると論じている。

「地球は……生きている者のためにある。……自分が負った借金の返済を土地そのものや、その土地を引き継いだ人間に負わすことは誰にもできない。もし、そうなれば何世代分もの土地の使用権を一世代で使ってしまうこととなり、もはや土地は生きている者ではなく、死んだ者の所有物になってしまう」

彼の向き合っていた問題と、この本で取り上げた問題とは異なるところもあるが、彼の論理は時代を超える素晴らしいものである。すべての生き物に、この豊かな世界を分かちあう権利があるはずだ。ならば、その権利を守り続けていくにはどうすればよいのだろうか――。まして人類が存在し続けようとするならば、自分の子供たちだけを大切にしてもうまくはいかない。

それでは、すべての種の子孫をあまねく慈しむためにはどうすればよいのか――。それには豊かで健やかな未来の世界を想像し、今すぐ、それを実現するためのデザインを始めることである。我々が地球生まれの地球育ちの存在であること、我々が生態系の一部であることの意味を改めてよく考えてみることである。そのためには、すべての人々が参加しなければならず、持続させていかなければならない。そしてそれこそが、もっとも大切なことなのだ。

◇**チャールズ・シーラー**……Charles Sheeler（1883～1965）。アメリカのプレシジョニズム（精密派）の画家、写真家。プレシジョニズムとは、都市風景や建築物など人工的なモチーフを、やや抽象化しつつも写実的な筆致で描写する様式で、1910年代から30年代に起こった。「キュビズム的リアリズム」などと呼ばれることもある。建築会社のために、工場や建築物を撮影し、工業写真家として生計を立てた時期もあった。

◇**ディエゴ・リベラ**……Diego Rivera（1886～1957）。メキシコの画家。識字率が低い当時のメキシコにあって、貧しい人々にも絵画を鑑賞できるよう、公共施設などの壁に共産主義思想や民族のアイデンティティーを描いた「メキシコ壁画運動」の中心人物。

◇**バックミンスター・フラー**……Richard Buckminster Fuller（1895～1983）アメリカの思想家、デザイナー、建築家、発明家、詩人。ダイマクション地図やジオデシック・ドームの発明で有名。「炭素60」と呼ばれる炭素のクラスター状分子「フラーレン」は、ジオデシック・ドームと構造が同じであるため、フラーにちなんで命名された。著書に『宇宙船地球号操縦マニュアル Operating Manual for Spaceship Earth（1963）』（邦訳・芹沢高志訳、筑摩書房、２０００年）などがある。

◇**スティーブン・ジェイ・グールド**…Stephen Jay Gould（1941～2002）アメリカの古生物学者、進化生物学者。主著に『ワンダフル・ライフ――バージェス頁岩と生物進化の物語 Wonderful life : the burgess shale and the nature of history（1989）』（スティーヴン・ジェイ・グールド著、渡辺政隆訳、早川書房、２０００年）『個体発生と系統発生 Ontogeny and phylogeny（1977）』（スティーヴン・J・グールド著、仁木帝都他訳、工作舎、１９８７年）などがある。

◇**ジェームズ・マディスン**…James Madison（1751～1836）第四代アメリカ合衆国大統領。The Federalist Papers（１７８７年刊行の合衆国憲法の注釈書）執筆者の一人であり、「アメリカ合衆国憲法の父」と呼ばれる。

監修にあたって

２００２年に刊行されたW.McDonough & M.Braungartの『Cradle to Cradle』の邦訳版が〝ついに〟刊行されることになりました。〝ついに〟というのは、私が彼らの『Cradle to Cradle』に出会った２００５年の時点で、このときすでに5ヵ国語に翻訳され、各国で、また各学会で話題となっていたのに、「なぜ今まで邦訳本が出なかったのか」との思いからです。

19世紀の産業革命以来、人々の生活を豊かにし、幸福追求につながるとして発展させてきた産業・経済が、１９７２年、Donella Meadowsらがローマクラブの依頼で著した『成長の限界』が世界中に衝撃を与えて以来、「Sustainable Development（持続可能な発展（開発））」の名のもとに様々な対策が取られてきました。しかしながら、こうした環境対策、ものづくりにはどこかしら多分に、質素、倹約、節約、半面手間がかかるといった印象があります。彼らに言わせると、問題先送りの対策であり、本質的な対策ではないと言い切っています。

そこで登場するのが、Cradle to Cradleの考え方によるものづくりです。ものづくりにあたって、「ゴミ」の概念を捨て去り、自動車・パソコンなどの耐久材は「工業資源」とみなして、何度でもテクノサイクルの中で再利用し続けるようにデザインし、衣服・食品・紙などの消費材は「生物資源」とみなして、捨てた先で地球を豊かにするバイオサイクルの中で循環させる。このためには、モノの製造の段階で生態系を注意深く観察し、分子レベルで模倣してデザインする。これなら地球は汚れず、ひとも健康に暮らせ、企業もそこそこの利潤があげられる。さらには地産・地消、地域との共生、多様性の重視を考慮する——。こういった考え方は当時、モノの生産の在り方を根底から覆す画期的な提言でした。

彼らは提言しただけでなく、現在まで、彼らの理念を実現すべく、ハーマン・ミラー社の社屋とその製品である『ミラチェア』、〝食べられる〟布地、グリーン・ビルディング等など、世界中で実践しています。それなのに、なぜ、我が国で邦訳が出なかったのか——。その理由は定かではありませんが、Cradle to Cradle の考え方の中に、輪廻転生、物質の永久の循環といった仏教の教義に通ずる精神が感じられたこともその一つかもしれません。

McDonough もこの著で明かしているように、彼は日本で生まれ、日本の自然と共存する暮らしをその幼少期に経験しています。我が国では、この Cradle to Cradle な生活をすでに江戸時代に確立しているのです。しかしながら現代はどうでしょう。すっかり西洋化され、大量生産、大量消費、そして大量廃棄という欧米と同様の生活をしています。ここでもう一度、暮らし方、消費の仕方、ものづくりを見直してみる必要があるのではないでしょうか。

本書の前半で出てくる環境汚染や、彼らが有害物質とした化学物質の中にはすでに改良されたもの、規制によって改善されたもの、廃止されたもの、我が国には該当しないものなど、誤解を招くと思われるところが出てきます。しかしそれは当時の彼らの実感であって、後半に出てくる彼らの斬新な考え方を強調するためのものとも見えます。

Cradle to Cradle の考え方のその根底には、Biomimicry（生態系を模倣する）の考え方があります。私たちの住む地球は約46億年前に物質とエネルギーから誕生しました。そして数十億年の生物時代を経て、５００万年前にヒトがサルから分かれ、約5万年前に私たちの祖先であるホモサピエンスがこの地上に現れます。そして1万2千年前に地球は氷河期を終え、間氷期を迎えて極めて安定した環境が訪れます。以来、脈々と資源豊かで豊穣、かつ巧妙な生態系の仕組みを完成させてきました。それが産業革命を機に、わずか１００年の間にこの豊饒な地球資源を食いつぶしてしまいそうな勢いで発展してきました。

今、ここで立ち止まり、彼らの Cradle to Cradle の考え方に目を耳をお貸しください。人間がこれまで培った叡智と技術をもって、もう一度作り直す。そして失われつつある地球の生命力をもう一度回復する——。そんな願いを込めて、皆様に読んでいただけることを願います。

跡見学園女子大学教授　**吉村英子**

監修後記

本書は、地球というこの巨大な営み、循環システムの中に「加えてもらう人間像」「加わり得る技術とは何か」について書かれています。その解決のひとつの方法論としてサステイナブルなものづくり――「ゴミを出さないものづくり」――を提案しています。その理論を象徴する言葉がCradle to Cradle（ゆりかごからゆりかごへ）であり、ものづくりの方向性やあるべき姿、目指すべき人間像をも指し示しています。

私がサステイナブル（持続可能な）社会の必要性について強い関心をもったのがちょうど原著が出版された２００２年の頃です。豊かさを享受しているにも関わらず、あるいはそれ故にか、地球や人間のあり様、見えない未来への不安に、いくつかの分野からのメッセージが出されるようになっていました。そのときに著者の一人であるW.McDonoughの言葉や考え方を知る機会を得ました。

正しいことは行うべき、
正しいものづくりをするべきで未熟品を作るな、
小手先ではなく全て元から正す、
正しくすれば格差はなくなる。

頭から離れないいくつかの強いメッセージに触発され、数人の仲間とCradle to Cradle

の勉強会を始めました。今回、最終稿となったゲラを読みながら、改めて一人でも多くの人に読んでもらいたいとの願いと同時に、読まなくてはいけない時代にさらに突入していることを思い知らされました。本書はものづくりの本ではありますが、あらゆる分野で私たちの目指すべき方向、あるべき姿を考えるきっかけになるでしょうし、今の私たちが未来に対してできるプレゼントは何かを教えてくれています。

私たちはいま、新たな生活形態と思考方法を手に入れなければなりません。快楽中心でない文化、ぜいたくでない美しさ、物質のために精神を犠牲にしない科学、自然の環境の中に入れてもらえる人間哲学など、それぞれの人の領域で感じ取り、持続可能な発展のために努力し、支え合っていきたいと願っています。

一方、Cradle to Cradle の重要な点は、概念だけではなく、実践を伴っていることです。勉強会のかたわら、Cradle to Cradle の考え方にもとづいた建物、ものづくり、町づくりなどを数年にわたり実例を見てきました。一つひとつの事例の紹介はまたの機会に譲るとして、一言で言うならば、そこにはモノも人も会社も町も息づいていて、循環していることを感じ取ることができました。ハーマンミラー社（Herman Miller）では、「全ての事例についてなぜそこまで Cradle to Cradle にこだわるのか」とのちょっと不躾な私の質問に対し、「それは正しいことだから」との返答がありました。Cradle to Cradle デザインによるシカゴ庁舎の屋上庭園では青空の下に野草が生い茂り、心地よい風、ハチの巣箱など、なつかしい自然を感じ取ることができました。ウェストミシガンにあるグランドラピッズ（人口は市中心部に約20万人、郊外を含めると75万人）では市長が先頭に立ち、行政も企業も学校も全てが協力してサステイナブルな町づくりに取り組んでいました。そしてCradle to Cradleを実現する企業だけを誘致する町づくりも始まっています。

また、市民レベルでもCradle to Cradleの取り組みを見ることができました。隣近所でつくるCradle to Cradleのコミュニティがありました。また、4、5軒でつくる共同オフィスではグリーンルーフ、レインガーデンが設けられ、太陽光が最も有効に活用できるようにデザインされていました。自然を壊さず、自然からの恩恵を充分に受けられるテクノロジーを活用し、人々が支え合う自然と科学技術の関係の見直し、科学技術と人間の心の大切さを思いしらされました。

アメリカで出版されてから7年、勉強会を始めてから3年が経過し、やっと日本語版ができました。今回素晴らしい翻訳をしてくださった山本聡さんに、まず心から感謝いたします。著者たちの少しくどい言い回しは山本さんの日本語の表現の美しさで救われました。また多くの注釈と写真・図版を加えて下さり、理解が深まるよう編集して下さった人間と歴史社の社長・佐々木久夫さんと弓削悦子さんに感謝いたします。この三人の尽力で各国で翻訳された本の中でも、最も良いものになったと自負しています。

また、出版のきっかけを与えてくださり、そして後押しをしてくれた朝日エル代表取締役の中村和代さんとアクィナス大学の山崎正人さんに感謝いたします。このお二人の存在なしにはこの本は出版できなかったかもしれません。中村さんは勉強会の途上でMcDonoughに直接会い、その人柄と本の内容に確信を持って翻訳本の出版を推進してくれました。そして何より、Cradle to Cradleの存在を知らせて下さり、翻訳の一翼を担って下さった山崎正人さんに心から感謝いたします。またCradle to Cradleの考え方に賛同し、翻訳に協力してくださったアメリカ在住の飯田仙子さんにも感謝いたします。実に多くの方々のご協力によって日本語版ができたことをご報告しておきます。ありがとうございました。私事になりますが、Cradle to Cradleの理念を深く理解し、私を支えてくれた夫に感謝致します。

環境化学の領域ではこの7年の間に変化がありました。その一つひとつについて最新の情報を提供することを試みましたが、国や業界によって見解が異なることも多々あり、原著発刊当時のまま翻訳出版することといたしました。どうかご了解ください。

なお、化学物質と環境および人体への影響についての私たちの質問に、著者から丁寧な返答があったことを特に付け加えておきます。危険な化学物質の60パーセント以上はまだ自然環境や人体への影響評価が定まらないこと、この本の中で引用したものより良い、あるいは悪い事例の存在は否定できないこと、その中で常に最新の分析データを集め、また実際に分析をし続けていることなどを知らせてきました。

監修にあたり、その任ではないと躊躇しそうになった私の背中を押しつづけてくれたのが、子供たちの歌う讃美歌『私たちを生かす』（讃美歌21　日本基督教団出版局）でした。

私たちを生かす／水と土と空気は／神さまの贈り物／感謝します／心から
豊かな生活を／支え続けた資源／奪い　むだにしてきた／罪をゆるしてください
完全な世界を／神さまは創られた／しかし人は知らずに／その調和を破壊した
あらゆるエネルギー／無限にあると思い／浪費し荒らした地を／新しくしてください
地球という星は／未来の子どもの家／いつまでも共に住む／道を示してください

歌う子供たちの笑顔に、未来の希望を見ることができます。
現在、私たちサステイナビリティーマネージメント研究会はCradle to Cradleの考えに基づいて、農業、建築、医療、教育の各分野の研究と実践を始めています。

出版を代表して　**岡山慶子**

■監修

岡山慶子(おかやま けいこ)

1967年、金城学院大学文学部社会学科卒。広告代理店の調査部門にて消費者研究を行い社会心理学会等にて継続して論文発表、その後、女性が働きやすい職場、生活者が暮らしやすいシステムをつくるために1986年、(株)朝日エルを設立。保健・医療・福祉、食・農・環境、女性の支援などをテーマに社会貢献と企業のマーケティングの融合を図ることをすすめている。2000年ころからウエストミシガンにあるアクィナス大学のサステイナブルビジネスコースに興味をもち提携をする。現在は企業のサステイナブルマネージメント実現のためのマーケティング活動と、いくつかの大学でサステイナブル社会に関する講義を行っている。主な著書に『ゆりかごからゆりかごへ入門──世界を新しくするものづくり』(発売・日本経済新聞社、2006)がある。(株)朝日エル取締役　朝日エルグループ代表。(株)朝日広告社取締役。(株)朝日サステイナビリティマネジメント代表取締役社長。共立女子短期大学生活科学科社会心理学研究室非常勤講師。

吉村英子(よしむら ひでこ)

跡見学園女子大学マネジメント研究科・マネジメント学部教授。1951年生まれ、岩手医科大学医学部大学院修了、医師・医学博士。大学院時代の研究B型肝炎の疫学の成果を行政に生かすべく旧厚生省入省、以後文部科学省教科書調査官(保健・福祉担当)を経て2005年より現職。現職着任にあたり、生活環境マネジメント学科のコンセプトを模索中に本著に出会う。Cradle to Cradleを実践するアメリカ、ミシガン州、グランドラピッズやアクィナス大学を訪問調査、論文にまとめるほか、これからの消費者の立場はどうあるべきか、企業のCSRとして環境問題をどうとらえるか学生の教育に、BiomimicryやCradle to Cradleの考え方を取り入れている。

■翻訳

山本 聡(やまもと さとる)

1961年、横浜生まれ。学習院大学文学部心理学科卒。ハワイ大学大学院心理学科博士課程修了。専門は比較認知心理学。現在、あわしまマリンパーク・動物飼育顧問、International Marine Animal Trainers Association International Service Committee:『SOUNDINGS』編集委員、大阪コミュニケーションアート専門学校・神戸動植物環境専門学校講師。主な論文に『クジラはなぜ歌うか』(『科学朝日』、朝日新聞社)など。

山崎正人(やまざき まさと)

アメリカミシガン州アクィナス大学経済学部准教授。東京都生まれ。慶応義塾大学法学部法律科を卒業後、1976年、フレッチャースクール大学院で国際関係論修士号、1984年、デューク大学で経済学博士号を取得。ウエストバージニア州立大学助教授時代には、州の地域経済開発活動にも携わる。主な著書に『ゆりかごからゆりかごへ入門──世界を新しくするものづくり』(発売・日本経済新聞社、2006)がある。

■著者略歴

ウィリアム・マクダナー

建築家。ウィリアム・マクダナー＋パートナーズ建築・コミュニティー・デザイン（米国バージニア州シャーロッツビル）の創設者の一人として会長を務める。1994年～1999年バージニア大学建築学部長。1999年、タイム誌は彼を「地球にとってのヒーロー」と認め、「彼の理想主義は、実証可能で、現実的な、一貫性のある哲学に基づいているものであり、世界の有り様を変えようとしている。」と評している。1996年、米国では環境に関する最も名誉な賞であるサステイナブル開発大統領賞を受賞。アメリカ建築家協会特別名誉会員（FAIA）、イギリス建築家協会国際名誉会員（Int. FRIBA）

マイケル・ブラウンガート

化学者。Ph.D。ドイツ、ハンブルグの環境保護促進機関（EPEA）の創始者。EPEA以前はグリーン・ピースの化学部門ディレクター。1984年以来、世界中の大学や企業や機関にて環境保護化学や物流管理の重要な新しいコンセプトについての講義を行う。ハインツ基金やW.アルトン・ジョーンズ財団法人を含む各種団体から数多くの名誉や賞、特別奨学金を受賞している。

1995年、著者らはマクダナー・ブラウンガート・デザイン化学（www.mbdc.com <http://www.mbdc.com>）という製品・システム開発会社を設立し、彼ら独特のサステイナブルなデザイン手法の実践について、企業へのコンサルティングを行っている。顧客はフォード自動車、ナイキ、ハーマン・ミラー、BASF、デザインテックス、ペンデルトン、ヴォルヴォ、シカゴ市等がある。

サステイナブルなものづくり
Cradle to Cradle ゆりかごからゆりかごへ

2009年6月25日　初版第1刷発行

著　者　ウィリアム・マクダナー／マイケル・ブラウンガート
監　修　岡山慶子／吉村英子
訳　者　山本　聡／山崎正人
発行者　佐々木久夫
発行所　株式会社 人間と歴史社
〒101-0062　東京都千代田区神田駿河台3-7
電話　03-5282-7181（代）／FAX　03-5282-7180
http://www.ningen-rekishi.co.jp
装　丁　妹尾浩也
印刷所　株式会社シナノ

ISBN 978-4-89007-175-3 C0034

ガンディー「知足」の精神

森本達雄 編訳

「世界の危機は大量生産への熱狂にある」「欲望を浄化せよ」――。ガンディーがあなたの魂の力に訴える！

本書はガンディーの思想のエッセンスをキーワードをもとに再構成。「文明は、需要と生産を増やすことではなく……欲望を減らすこと」というガンディーの「知足」の精神は今日の先進社会に生きる我々への深い反省とメッセージである。本書には、現代人が見失った「東洋の英知」ともいうべき精神のありようが、長年の実践に裏づけられた珠玉の言葉としてちりばめられている。

定価：2,100円（税込）

ISBN 978-4-89007-168-5

タゴール 死生の詩

森本達雄 編訳

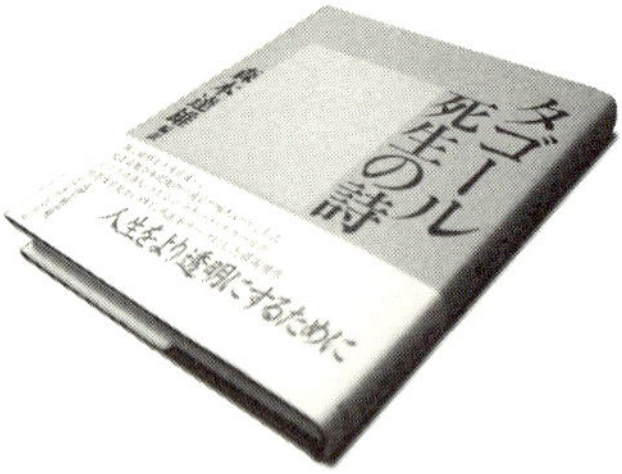

深く世界と人生を愛し、
生きる歓びを最後の一滴まで味わいつくした
インドの詩人・ラビンドラナート・タゴールの
世界文学史上に輝く、
死生をテーマにした最高傑作

定価：2,100円（税込）

ISBN 978-4-89007-168-5

アーユルヴェーダ ススルタ 大医典

Āyurveda
Sushruta Samhitā

K. L. BHISHAGRATNA【英訳】
医学博士 伊東弥恵治【原訳】 医学博士 鈴木正夫【補訳】

現代医学にとって極めて刺激的な書

日野原重明 聖路加国際病院理事長・名誉院長

「エビデンス」と「直観」の統合

帯津良一 帯津三敬病院理事長

「生」の受け継ぎの書

大原　毅 元・東京大学医学部付属病院分院長

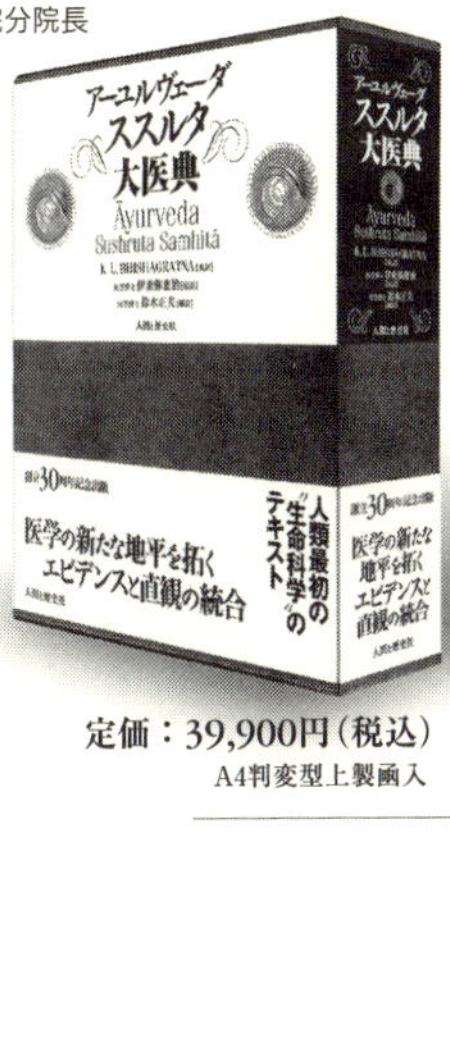

人間生存の科学

――「Āyuruvedaの科学は人間生存に制限を認めない」

生命とは何か

――「身体、感覚、精神作用、霊体の集合は、持続する生命である。常に運動と結合を繰り返すことにより、Āyus（生命）と呼ばれる」

生命は細胞の内に存在する

――「細胞は生命ではなく生命は細胞の内に存在する。細胞は生命の担荷者である」

生命は「空」である

――「内的関係を外的関係に調整する作業者は、実にĀyusであり、そのĀyusは生命であり、その生命はサンスクリットでは『空』（地水火風空の空）に相当する、偉大なエーテル液の振動である」

定価：39,900円（税込）
A4判変型上製函入